国家自然科学基金青年项目
（项目编号：71902133）

从企业绿色治理
到ESG高质量发展

徐 建◎著

中国财经出版传媒集团

经济科学出版社
Economic Science Press

·北 京·

图书在版编目（CIP）数据

从企业绿色治理到 ESG 高质量发展 / 徐建著.
北京 ： 经济科学出版社，2024.7. -- ISBN 978 - 7 - 5218 -
6037 - 5

Ⅰ. X322. 2

中国国家版本馆 CIP 数据核字第 20245R225T 号

责任编辑：周国强
责任校对：齐　杰
责任印制：张佳裕

从企业绿色治理到 ESG 高质量发展
CONG QIYE LÜSE ZHILI DAO ESG GAOZHILIANG FAZHAN
徐　建　著
经济科学出版社出版、发行　新华书店经销
社址：北京市海淀区阜成路甲 28 号　邮编：100142
总编部电话：010 - 88191217　发行部电话：010 - 88191522
网址：www. esp. com. cn
电子邮箱：esp@ esp. com. cn
天猫网店：经济科学出版社旗舰店
网址：http://jjkxcbs. tmall. com
固安华明印业有限公司印装
710 × 1000　16 开　17.5 印张　260000 字
2024 年 7 月第 1 版　2024 年 7 月第 1 次印刷
ISBN 978 - 7 - 5218 - 6037 - 5　定价：98.00 元
（图书出现印装问题，本社负责调换。电话：010 - 88191545）
（版权所有　侵权必究　打击盗版　举报热线：010 - 88191661
QQ：2242791300　营销中心电话：010 - 88191537
电子邮箱：dbts@ esp. com. cn）

前　　言

随着资源紧张和环境污染等问题的出现，生态环境成为全球共同关注的话题。中国的改革开放已经有40余年历程，在取得重大成绩的同时，也面临着资源约束和环境制约等诸多挑战，日益受到中央政府的高度重视。中共十八大首次把生态文明建设纳入中国特色社会主义"五位一体"总体布局的战略体系，绿色发展开始逐步进入国家顶层战略。在绿色发展理念下，通过企业绿色治理转型推进中国经济实现高质量发展，已是我国所面临的核心难题。企业绿色治理研究对于践行"五位一体"总体布局和推动美丽中国建设具有重要的现实意义，是前沿研究领域和新的学科增长点。

之所以选择《从企业绿色治理到ESG高质量发展》这样的题目，主要是其恰与绿色治理实践的演进和我们的研究脉络相呼应。2016 年 11 月，我的博士生导师李维安教授在第四届尼山世界文明论坛大会上率先系统阐述了绿色治理的相关理念、模式和发展路径，自此之后，企业绿色治理的研究逐渐增多。我所在的中国公司治理研究院研究团队在 2017 年制定并发布全球首份《绿色治理准则》；于 2018 年发布首份《中国上市公司绿色治理评价报告》与首个中国上市公司绿色治理指数（CGGI）。在李维安老师的指导以及团队的研究带动下，笔者于 2018 年成功获批"企业绿色治理"主题的国家自然科学基金青年项目，以此为基础开展了一系列相关主题的研究。在研究政府环境行为与企业绿色治理关系时，我们也发现，政府等利益相关者的环保导向虽然会使企业更加关注环境、社会和公司治理（ESG）的环境维度，但同样可能扭曲企业的激励机制，尤其是那些面临资源高度约束的企业。这导致这些企业可能将 ESG 简化为"环境解决方案"而忽视 ESG 的社会责任和治理责任维度，我们称之为"企业 ESG 背离"，进而给企业 ESG 高质量发展带来潜在的风险。因此，企业绿色治理的研究还需要考虑治理实践中出现的企业 ESG 背离问题。

作为国家自然科学基金的系列成果，本书系统地论述了政府环保导向背景下的企业绿色治理和 ESG 背离问题，为相关部门完善央地两级政府的政策工具，强化利益相关者对企业 ESG 高质量发展的监督以及助力实现"双碳"目标起到重要的促进作用。本书从企业绿色治理的引入谈起，总结企业绿色治理的演进脉络并从公司治理主体（政府、大股东、董事会和高管）角度探讨了企业绿色治理的影响因素，以推动企业绿色治理的研究与绿色治理理念的普及。在此基础上，基于政府环保导向背景下企业 ESG 实践可能出现背离的"厚此薄彼"的现象，介绍了企业 ESG 的发展脉络，继而引出企业 ESG 背离问题，并从政府官员和投资者角度分析了企业 ESG 背离的形成机制，以期为企业 ESG 高质量发展提供有益指导。

基于以上研究内容，本书分为上篇和下篇两部分共九章。上篇即企业绿色治理，首先是第 1 章"企业绿色治理：引入与发展"，说明绿色治理的演进脉络、企业绿色治理概念的形成，企业绿色治理的相关理论，企业绿色治理的评价及其影响因素，政府环境行为与企业绿色治理；第 2~5 章分别讨论并实证检验政府任务下沉、多个大股东、绿色董事会和明星高管对企业绿色治理的影响机理。下篇即企业 ESG 高质量发展，第 6~7 章分别论述了企业 ESG 的内涵与发展、企业 ESG 背离与 ESG 高质量发展；第 8~9 章分别从政府环保导向和投资者绿色关注的角度探讨并实证检验了企业 ESG 背离的影响因素。

　　本书主要是对笔者多年来绿色治理和 ESG 相关学术观点的总结与提炼，特别感谢国家自然科学基金青年项目"政府环境行为、政企关系与公司绿色治理：基于'央地分权'的视角"（项目编号：71902133）的资助和支持。在本书写作过程中，我们参阅和借鉴了诸多学者的学术成果，在此向这些学者们表示感谢。南开大学讲席教授李维安为本书的完善提供了很多有益的建议，南京财经大学工商管理学院侯文涤、东北财经大学工商管理学院李鼎以及天津财经大学商学院高铭阳、李晓菲、段梦茹、韩慧敏和薛坤等为本书初稿提供了部分素材资料，我们也向这些学者和研究生表示感谢。限于笔者的水平和经验，本书难免存在缺点和不足，敬请读者予以批评指正。

徐　建

2024 年 3 月 5 日

目　录

上篇　企业绿色治理

下篇　企业 ESG 高质量发展

上 篇

企业绿色治理

中共二十大报告强调"中国式现代化是人与自然和谐共生的现代化",2023 年中央经济工作会议再次强调"坚持稳中求进、以进促稳、先立后破",其中"深入推进生态文明建设和绿色低碳发展"位列九项工作部署之一,表明绿色理念将引领中国未来的可持续发展。本篇对企业绿色治理的引入与发展进行了系统梳理,对政府环境行为如何影响企业绿色治理进行了深入分析,并从政府、股东、董事会和高管角度理论分析并实证检验了政府绿色治理任务下沉、多个大股东、绿色董事会以及明星高管对企业绿色治理的影响效应。

第1章

企业绿色治理：引入与发展

　　企业绿色治理作为一个跨学科的研究话题，不同领域的研究学者针对该类问题的研究视角各有侧重。公共政策学者主要研究政府环境政策及其执行的宏观效应，很少涉及企业这一微观主体。而管理学文献更多地关注环境规制或公司治理对企业绿色治理的某一方面，如环境信息披露、环保投资和绿色创新等的独立影响；或者关注企业的某一维度的绿色治理行为所带来的经济后果，如财务绩效和外部融资等，很少有研究关注企业绿色治理的总体水平。因此，企业绿色治理研究需要融合政治经济学、财务管理学和公司治理等学科理论的众多观点，理清企业绿色治理的维度，在构建企业绿色治理综合指标的基础上，深入探讨多种因素影响企业绿色治理的机制及企业绿色治理的影响后果。下面本书将从企业绿色治理的引入、企业绿色治理的相关理论、企业绿色治理的评价及其影响因素以及政府环境行为与企业绿色治理等四个方面对企业绿色治理的相关文献以及理论进行梳理。

1.1 企业绿色治理的引入

1.1.1 绿色治理的演进脉络

随着生态环境成为全球共同关注的话题，绿色治理也成为国际性的前沿课题。本研究梳理绿色治理文献发现，目前绿色治理研究呈现阶段性，早期的研究经历传统发展观、可持续发展观、"绿色 +" 等阶段。原始文明时期，人类对自然充满了敬畏和恐惧，在依附自然中获得生存与发展；农耕文明时期，人类利用自然、开发资源的步子加快，从自然中获得了物质和收益。进入工业文明时期，虽然工业革命带来生产力的巨大飞跃，但也导致人类与自然的关系日趋紧张。这一时期，众多经济学者以资源稀缺论为基础，研究了经济发展和自然资源的关系，即所谓的 "传统发展观" 阶段。马尔萨斯（Malthus，1798）着重论述了人口、资源和环境之间的关系，他认为人口若不加以控制，将会以几何比率增加，而生活资料将以算术比率增加。如果人类不认识到自然资源的有限性继续大量消耗自然资源，就会破坏人类与自然之间的相互平衡，从而导致人口数量灾难性的减少。里卡多（Ricardo，1817）提出了技术与资源稀缺之间可以进行一定的替代的观点，即 "资源相对稀缺论"，他认为技术进步可以解决人类与自然的冲突，却忽视了技术进步可能对环境造成的破坏。结合马尔萨斯（Malthus，1798）和里卡多（Ricardo，1817）的观点，米尔（Mill，1848）认为一个国家的自然资源、人口和财富均应保持在一个静止稳定的水平，并且这一水平要远离自然资源的极限，以防止出现食物缺乏和自然美的大量消失。到了 19 世纪 70 年代，以马歇尔和庇古为代表的新古典经济学派开始探讨资源稀缺条件下，实现在不同的资源配置状况下达到帕累托最优状态的途径。

进入知识经济社会以后，人们开始更加理性地认识人类与自然的关系，可持续发展观念应运而生。1972 年，联合国环境会议在瑞典首都斯德哥尔摩召开，来自 113 个国家的 1300 多名代表广泛讨论了因发展而引起的全球环境问题，并通过了《人类环境宣言》。这次会议虽然没有明确提出可持续发展的概念，但是可持续发展的思想已经十分清晰。1987 年，联合国通过了由世界环境与发展委员会起草的文件《我们共同的未来》，提出了可持续发展的理念，指出可持续发展是"既满足当代人的需要，又不对后代人满足其需要的能力构成危害的发展"。1992 年，在巴西里约热内卢召开的联合国环境与发展大会通过的《里约热内卢环境与发展宣言》和《全球 21 世纪议程》等文件，表明可持续发展理念已经取得世界共识，将可持续发展从理论推向实践。可持续发展的核心内容是人类与自然的和谐，与传统发展观相比，可持续发展观虽然主张经济发展应当充分考虑自然资源的承载能力，但依旧是人类中心主义的发展观，把发展放在突出的地位上。

近年来，随着对全球自然环境问题的持续关注，国际社会又相继提出了绿色经济、绿色增长和绿色发展等理念。作为实现可持续发展的重要工具，绿色经济、绿色增长和绿色发展仅有语义表述上的细微差别，在各类国际组织的报告中，基本上作为同一概念使用。绿色经济的表述源于英国学者皮尔斯于 1989 年出版的《绿色经济的蓝图》一书，认为经济和环境互相影响（Pearce，1989），但该书只是借助这一名词讨论环境政策特别是英国的环境政策，并非真正意义上提出绿色经济理念。真正意义上的绿色经济理念由联合国环境规划署在 2007 年提出，被认为是"重视人与自然、能创造里面高薪工作的经济"。联合国环境规划署在 2011 年又将该定义修正为"改善人类福利和社会公平，同时极大降低环境危害和生态稀缺性的经济发展模式"。绿色增长的概念最早出现在 2005 年召开的联合国亚太经济社会委员会环境与发展部长会议上，被定义为"为推动低碳、惠及社会所有成员的发展而采取的环境可持续的经济过程"。2011 年，经济合作与发展组织进一步修正和深化了绿色增长的概念，将其定义为"在确保自然资产持续提高人类社会所依赖的资源和环境服务的同时，促进经济增长和发展"。2012 年，世界银行将绿色增长定义为"在经济增长不放缓的前提下，实现生产过程高效、清洁和弹性化"。关于绿色发展尚未形成国际统一的定义，世界银行和国务院发展研究中心联合课题组在《2030 年的中国：建设现代、和谐、有创造力的社会》中认为，绿色发展是指"经济增长摆脱对资源使用、碳排放和环境破坏的过度依赖，通过创造新的绿色产品市场、绿色技术、绿色投资以及改变消费和环保行为来促进增长"。2017 年，中共十九大报告提出"要推进绿色发展，坚持人与自然和谐共生，形成绿色发展方式和生活方式"。2022 年，中共二十大报告强调"中国式现代化是人与自然和谐共生的现代化"。与传统发展观和可持续发展观不同，无论是绿色经济、绿色增长还是绿色发展，"绿色＋"阶段的这些发展观都开始强调经济系统、社会系统和环境系统的整体性和协调性。

综上所述，既有的绿色治理研究路径呈现如下特点：初始阶段，绿色治理研究并未从发展观研究中分离出来，表现为学者使用"发展观"表述而非"治理"；"绿色＋"阶段的研究开始重视人类与自然关系的和谐，但尚未将人类与自然的博弈作为治理主体加以分析。从研究假设的角度来看，随着人类与自然关系的深入发展，把"人"置于自然界之外的经济人假设已经开始发生变化，正在逐渐演变为同时考虑自然界非人类生命物种和生态系统利益的"生态社会经济人"假设。从研究范式发展的角度来看，传统研究已无法涵盖绿色治理的内涵和外延，不能提供充分的概念和理论研究基础。本研究认为当前的绿色治理研究，需要以人类与自然关系的动态博弈为核心，结合"生态社会经济人"假设，考虑包括自然的更加多元的参与行为体，以及如何通过制度安排协调多元主体的关系等内容。绿色治理已成为一个独立的、区别于以往研究对象的研究范畴（Li et al.，2018）。

1.1.2 企业绿色治理概念的形成

企业绿色治理概念的出现源于"利益相关者"概念的提出。利益相关者的提法最早出现于 1963 年斯坦福研究所的内部文稿，是指那些没有其支持组织就无法生存的群体，包括股东、职工、顾客、供应商、债权人和社会。瑞安曼（Rhenman，1964）将斯坦福研究所（Stanford Research Institute，SRI）定义中的单边利益相关者扩展为双边关系，强调企业和利益相关者两者之间的互相影响，认为利益相关者是指那些为了实现自身目的而依存于企业，且企业为了自身的持续发展也依托其存在的个人或者群体，如投资者和员工等。而弗里曼（Freeman，1984）则把企业的利益相关者界定为"任何能够影响企业组织目标的实现或受这种实现影响的个人或群体"。该定义从战略管理的角度，提出了一个普遍的利益相关者概念，不仅将影响企业目标的个人和群体视为利益相关者，同时还将企业目标实现过程中受其影响的个人和群体也看作利益相关者，正式将社区、政府和环境保护组织等实体纳入利益相关者的研究范畴（李维安和王世权，2007）。

20 世纪 90 年代，部分学者认识到不同类型的利益相关者对于企业的影响以及被企业影响的程度是不同的，需要从不同角度对利益相关者进行细分。企业的资源配置和使用不仅对人类种群的利益产生影响，而且对非人类的其他种群和客观环境状态产生影响；不仅对当代人的利益产生影响，而且对后代人的利益产生影响（李心合，2001）。基于这种可持续发展的视角，惠勒和玛利亚（Wheeler and Maria，1998）将利益相关者分为四类：第一，与企业有直接关系的一级社会利益相关者；第二，通过社会性活动与企业形成间接关系的二级社会利益相关者；第三，对企业有直接的关系但不与具体的人发生联系的一级非社会利益相关者，如自然环境和人类后代等；第四，与企业有间接关系同时也不与人联系的二级非社会利益相关者，如人类物种等。随着生态环境问题愈发严重，人们开始尤其重视受企业运营影响的生态环境的利益，越来越多的企业开始重视人类与自然的关系，将生态环境作为新的利益相关者导入企业治理。

由此可见，随着现代企业制度的不断发展，利益相关者的概念发生了两个转变，促使了企业绿色治理概念的形成。在第一阶段，股东、债权人、雇员、消费者、供应商、政府和社区居民等利益相关者的权益逐渐受到企业的更大关注，公司治理由传统的股东至上的"单边治理"模式演化为利益相关者"共同治理"模式。在第二阶段，生态环境的利益以及人类与自然的关系逐渐引起企业的重视，生态环境作为新的利益相关者被日渐重视，企业治理逐渐向企业绿色治理演化。

通过对国内外相关文献的梳理，我们发现虽然国内外学者比较认同将利益相关者理论作为企业绿色治理的理论基础，但国内外学者对企业绿色治理概念的界定主要有三种视角，并且呈现一定程度的差异性。这三种视角的论述具体内容如下：第一，强调公司治理和环境后果。这一视角多见于国外文献的理论和实证研究，常用的术语是"environmental governance"，并且开始使用"green governance"，主要是探讨董事会、高管薪酬激励等公司治理要素对企业环境后果的影响（Post et al.，2011；Rodrigue et al.，2012；Walls et al.，2012）。第二，强调企业绿色治理行为，该视角多见于国内文献的实证研究中，常用的术语是"环境治理"，但散见于不同的研究领域，其中比较典型的有企业环境信息披露（孟晓华和张曾，2013）、企业环保投资（王舒扬等，2019；姜英兵和崔广慧，2019）和企业绿色创新（Tang et al.，2018；齐绍洲等，2018）。第三，强调结构、机制、效能和责任的综合视角，这一视角在最近的文献中出现，开始使用"绿色治理"术语，呈现理论研究、评价研究和实证研究全面开展的趋势（李维安等，2019；Li et al.，2020；陶克涛等，2020）。企业绿色治理的代表性定义如表 1 - 1 所示。

表 1 - 1   企业绿色治理的代表性定义

侧重点	定义	代表文献
聚焦于公司治理和环境后果	企业绿色治理指公司治理结构和机制对企业环境后果的影响	Post et al.，2011；Rodrigue et al.，2012；Walls et al.，2012
强调企业绿色治理行为	企业作为绿色治理中的关键行动者，重视环境信息披露、环保投资和绿色创新	孟晓华等，2012；王舒扬等，2019；Tang et al.，2018
涵盖绿色治理架构、绿色治理机制、绿色治理效能和绿色治理责任	社会经济的发展要求企业的绿色行为不能仅局限于管理层面，而需要上升到治理层面，通过一系列正式或非正式的结构安排和机制设计，促进企业的科学决策以最小化对环境的危害	李维安等，2019；陶克涛等，2020

资料来源：笔者根据相关文献整理。

与前两种定义相比，第三种定义的优势是可以对企业绿色治理的总体水平进行评价和追踪分析，并且可以基于企业绿色治理的维度划分，较为细致地考察企业绿色治理动因的差异性。

1.2　企业绿色治理的相关理论

1.2.1　资源稀缺论和环境可承载性理论

资源稀缺论指出，如果人类认识不到自然资源的稀缺性而大量消耗资源，将会破坏人类与自然之间的平衡（Malthus，1798；Ricardo，1817）。资源环境承载力是指自然生态环境不受危害并维系良好的生态系统前提下，一定地域空间的资源禀赋和环境容量所能承载的人口规模和社会经济活动强度。沃格特（Vogt，1948）首次将人类对资源环境的过度开发导致的生态变化称为"生态失衡"，并明确提出区域承载力的概念，用于反映区域资源环境所能承载的人口和经济发展的容量。梅多斯等（Meadows et al.，1972）利用系统动力学模型对世界范围内的资源环境与人口增长进行定量评价，并且构建了"世界模型"，通过深入分析人口增长、工业化发展与不可再生资源枯竭、生态环境恶化和粮食生产的关系，他们认为全球的增长将会因粮食短缺和环境破坏在某个时段达到极限，从而引发了理论界和实践界对资源环境承载力的强烈关注。资源稀缺论和环境可承载性论表明，随着经济的发展，资源稀缺程度和环境可承载力发生变化，人们追求美好生活的需求将逐渐取代生存需求，将开始逐步关注资源环境的生态功能和社会功能。

1.2.2 外部性理论

自然环境属于公共产品，它具有典型的非竞争性和非排他性的特点。这种特点使得任何组织和个人都可以无成本地、不受限制地使用公共环境资源，同时也意味着组织和个人可以破坏环境以实现自身利益的最大化，但却无须为其行为付出代价，这样就产生了负的外部性。但是公共产品一旦生产出来，理性成员会选择"搭便车"，希望其他成员支付公共物品的成本。这样，个体理性与集体理性发生冲突，从而使集体行动面临困境（Olsen，1965）。环境污染这种负的外部性特点扭曲了自然资源的最优配置，使得组织特别是企业耗费自然环境资源所产生最优产量高于社会最优的产量，也即企业对自然环境的污染水平超过了社会发展所需的最优环境污染水平。因而企业绿色治理需要避免类似"集体行动困境"所引发的"治理失灵"。

1.2.3 企业社会责任理论

企业发展的本质即在于通过包容性的治理制度安排，实现合法化存在和发展。卡罗尔（Carroll，1979）提出社会责任金字塔模型，将企业的社会责任分为经济责任、法律责任、道德责任和慈善责任等统一的四个方面。经济责任是指企业主要为社会创造财富，并促进经济增长，反映了企业作为营利组织的本质属性；法律责任是指企业的生产经营必须遵守法律法规，在法律框架内履行义务，法律责任是企业社会责任的底线；道德责任是指企业对其经营行为可能影响的社会和环境变化承担责任，企业有义务通过遵守伦理规范尽量避免或者最低限度地伤害利益相关者；慈善责任是指企业要致力于做优秀的企业公民，更大范围地承担促进社会进步的其他无形责任，如慈善捐赠，通过向社会贡献资源，提升人们的生活质量（李维安和郝臣，2017；李维安和张耀伟，2018）。随着现代企业制度的不断发展，股东、债权人、雇员、消费者、供应商、政府和社区居民等利益相关者的权益逐渐受到公司的更大关注，公司治理由传统的股东至上的"单边治理"模式演化为利益相关者"共同治理"模式。人们开始同时关注影响企业运营的主体和受企业运营影响的主体。尤其是对受企业运营影响的主体利益的关注，因为涉及典型的外部性问题，各个国家的制度规范等外部治理也开始对此进行规范，如环境污染等问题，引发了有关环境保护法案等制度体系不断完善。当前，企业责任的最新表现则是绿色责任。生态系统所拥有的自然资源和承载力是有限的，无法永续满足人类因欲望无限而形成的生产力，这就要求重新认识人类与自然的关系，从自然的角度考虑人类的生存及长远发展问题（Li et al.，2018；李维安和张耀伟，2018）。

1.2.4 绿色治理观

现有绿色治理的研究尚不多见，并且多是基于生态学理论展开。由于研究目标的不同，学者们所给出的绿色治理的定义也大不相同。这些定义大致可以分为三类。一是将治理等同于管理，例如，迪昂和伊冯（Dieng and

Yvon，2017）认为，绿色治理是政府所采取的具有远见性、战略性和参与性的可持续管理自然资源的路径。二是将治理等同于治理结构，例如，帕迪利亚和维诃舒赫（Padilha and Verschoore，2013）认为绿色治理由共同目标、规范、参与、资源和交流等五种结构构成。三是将绿色治理等同于可持续发展，例如，波斯特等（Post et al.，2011）认为，绿色治理是经济、社会和环境在长期内的可持续发展。从定义的系统性来看，以上研究都过于简单和片面，没有结合治理和绿色的含义系统地对绿色治理的内涵加以论述。李等（Li et al.，2018）将治理与绿色相结合，对绿色治理的概念给出以下界定：绿色治理是通过一套制度安排或机制设计来协调人类与自然的关系冲突，以保证全球绿色治理实践决策的科学化，最终维护经济－社会－环境系统的持续和稳定运行。绿色治理以建设生态文明、实现绿色可持续发展为目标，将人类与自然的博弈作为治理主体加以分析，为公司治理导入新的利益相关者拓展了思路。基于绿色治理观，企业绿色治理即通过一系列正式或非正式的结构安排和机制设计，促进企业的科学决策以最小化对生态环境的危害。与此同时，企业绿色治理要求进一步健全企业外部绿色治理制度体系，完善企业绿色的治理架构以及完善绿色信息披露制度（李维安和张耀伟，2018）。

1.3 企业绿色治理的评价及其影响因素研究

1.3.1 企业绿色治理的测度和评价体系

作为一个多学科交叉融合的领域，已有企业绿色治理的文献分散于政治学、管理学、财务会计学等多个领域，研究侧重点各有不同。

政治学领域的文献以环境治理为主题，大多使用区域层面的数据来度量绿色治理，研究学者主要是使用数据包络分析（DEA）模型，将产出指标（地区 GDP 和综合污染物等）和投入指标（能源消耗、水资源消耗、土地消耗、职工人数和资本存量等）作为测量指标，以不同的数据得出相应的结论，例如使用该测度指标，杨俊等（2010）的研究表明全国环境效率总体水平较低，省际和区域间差距较大，表明现阶段实行地区间减排合作、推动环保技术在区域间扩散的现实必要性。

管理学领域的文献集中于环境管理或绿色管理，部分学者使用污染防控技术度量环境管理，例如，克拉森和怀巴克（Klassen and Whybark，1999）分别使用环境污染预防技术和污染控制技术度量环境管理，实证发现污染预防技术有助于同时提高企业的生产和环境绩效，而污染控制技术则不利于企业改善生产绩效，同时对于提升企业的环境绩效也没有显著的作用。另一部分学者用综合的环境管理指标来度量环境管理，例如，泰尔（Theyel，2010）使用全面质量管理、供应商认证、研发和员工参与等综合指标度量环境管理，考察了环境管理实践对环境管理创新和环境绩效的影响，结果表明环境管理实践可以有效改善企业在环境创新和环境绩效方面的产出效果。此外，还有一部分学者使用绿色管理活动来表示公司环境治理的强度，例如，拉索和福茨（Russo and Fouts，1997）基于资源基础观分析了 243 家企业的绿色管理活动与绩效之间的关系，实证结果表明企业的绿色管理活动对企业的财务绩效产生正向促进作用。

财务会计领域文献多是从企业环境信息披露的角度构建企业绿色治理指标。伊利尼奇等（Ilinitch et al.，1998）将企业环境社会责任披露归类为 4 个环境绩效指标。克拉克森等（Clarkson et al.，2008）将其拓展至 7 个绩效指标：治理结构和管理系统（例如环境审计政策）、公信力（例如实施志愿环保措施）、环境绩效指标（温室气体排放量）、环境远景和战略目标（CEO 向股东传达的环境绩效目标）、环保支出（违背环保规定的罚款支出）、环保（相对于行业中其他企业的环境绩效）和内部环保措施（关于环境管理问题的员工培训），并针对每个绩效指标提出了 3～10 个特定的披露项目，这些与全球报告倡议组织（GRI）的可持续发展报告规则密切相关，最终形成 45 个披露项目。波斯特等（Post et al.，2011）在这些研究基础上将其归类为 3 个绩效指标：治理披露、公信力、环境绩效，并形成了 26 个披露项目。

　　针对企业绿色治理测度缺乏规范指引和系统评价指标体系的现状，南开大学中国公司治理研究院绿色治理评价课题组（2018）基于绿色治理准则（李维安等，2017）和中国上市公司所面临的治理环境特点，设计并发布《中国上市公司绿色治理评价报告（2018）》，从绿色治理架构、绿色治理机制、绿色治理效能和绿色治理责任四个维度对上市公司绿色治理进行评价，包括绿色理念与战略、绿色组织与运行、绿色运营、绿色投融资、绿色行政、绿色考评、绿色节能、绿色减排、绿色循环利用、绿色公益、绿色信息披露以及绿色包容等多个要素。本研究认为，根据企业绿色治理的表现形式，基于绿色治理观（李维安等，2017）和企业社会责任（Carroll，1979）等理论对上述四个维度的划分进行拓展，并进一步区分企业绿色治理表现中的"象征性行为"和"实质性行为"，可以将企业绿色治理分为绿色治理态度、绿色治理投入和绿色治理产出三个方面。绿色治理态度主要考察上市公司是否积极表明公司选择绿色治理行为的态度，以获得合法性；绿色治理投入主要考察上市公司是否实质性地投入资源去开展绿色治理活动；绿色治理产出着重考察上市公司通过开展绿色治理活动所实现的绿色治理效果。

1.3.2　企业绿色治理的影响因素研究

　　已有企业绿色治理影响因素的文献主要从正式制度、非正式制度以及其他因素展开，绿色治理的外部性特征使得企业主体缺乏绿色治理动机（胡珺等，2019），此时，政府的宏观调控手段也许是解决企业绿色治理外部性问题的有效手段。学者们对正式制度与企业绿色治理行为的研究大多围绕着环保法律和环保监督等展开。正式制度将在下一节重点论述，本部分主要从非正式制度和其他因素展开。

1.3.2.1 非正式制度与企业绿色治理

在正式制度外，一些学者开始尝试从非正式制度的视角出发，探究其对绿色治理的影响。克拉克森等（Clarkson et al.，2008）和王云等（2017）研究了媒体关注对企业绿色投资行为的影响，结果表明，媒体关注可以增加企业绿色投资规模，且这一作用在环境规制较强的地区更为显著。胡珺等（2017）则分析了高管家乡认同对企业绿色治理的作用，并指出家乡认同对企业绿色治理的促进作用不受正式制度的影响。毕茜（2015）从中华传统文化的角度出发，研究发现这一非正式制度可以与正式制度形成互补效应，能够显著提升企业的绿色信息披露质量。潘爱玲等（2021）研究了儒家文化对重污染企业绿色并购的影响，结果表明儒家文化推动了重污染企业管理者的环境治理意识，能够推动企业开展绿色并购。

在制度响应方面，张琦等（2019）研究发现，《环境空气质量标准（2012）》实施后，为了回应这一政策，高管具有公职经历企业的环保投资规模显著低于其他企业。高等（Gao et al.，2021）基于烙印理论，研究了高管从军经历对企业绿色行为的影响，认为从军经历的 CEO 更有可能被红色军队文化所体现的责任、自律、牺牲和团体意识等价值观所影响，则更有可能在环境保护方面投入更多的资源。

1.3.2.2 其他影响因素与企业绿色治理

关于其他企业绿色治理影响因素的探讨，大多文献聚焦于公司治理对企业绿色治理行为的重要影响。公司治理可以通过一系列正式的或非正式的，内部的或外部的制度或机制，协调所有利益相关者的关系，保证公司决策的科学化（李维安，2005）。狭义的公司治理涉及股东会、董事会、监事会和经理层等内部治理主体之间的权责配置和相互制衡（李维安等，2019）。在股东会层面，唐国平和李龙会（2013）通过实证研究发现公司大股东与经理层缺乏绿色治理积极性，并在投资决策方面表现出"合谋"倾向，股权制衡度、管理层持股比例与企业绿色投资规模呈显著的负相关关系。在董事会层面，董事会规模（Shive and Forster，2020）和独立董事比例均会对企业绿色治理产生正向影响（王锋正和陈方圆，2018）。在经理层层面，高管的背景经历也会影响企业绿色战略选择。刘钻扩和王洪岩（2021）发现高管从军经历可以弥补地方监管不足，促进企业绿色技术创新和管理创新；张增田等（2023）研究表明，海外经历提升了高管的风险偏好和自信程度，进而促进企业的绿色创新。此外，企业绿色治理行为具有明显的产权性质差异，夏夫和福斯特（Shive and Forster，2020）发现相较于国有企业，美国的私营企业污染排放量较少。而在中国情境下，国有企业通常会采取更加积极的绿色治理行为（任广乾等，2021）。

1.4 政府环境行为与企业绿色治理

1.4.1 政府环境行为影响企业绿色治理的理论视角

改革开放 40 多年以来，我国在经济社会建设方面取得重大成绩的同时，也面临着资源约束和环境制约等诸多挑战，日益受到中央政府的高度重视。政府的绿色治理效果的研究对于践行"五位一体"总体布局和推动美丽中国建设具有重要的现实意义。已有文献大多是基于政治经济学相关理论从宏观（区域）的视角考察了地方政府行为的绿色治理效果，虽然较少从企业角度研究政府行为对绿色治理的影响，但是相关理论视角却较多地引入到企业绿色治理的研究之中。

1.4.1.1 政治经济周期理论

自诺德豪斯（Nordhaus，1975）开创新研究以来，国内外学者开始从理论和实证角度研究政治经济周期的影响效应。国外学者如罗戈夫和赛伯特（Rogoff and Sibert，1988）等主要探讨国内选举和政党轮换等因素对国家税收、投资和转移支付等经济现象的影响。由于中国的政治经济制度不同于国外，国内学者更多是探讨党代会和两会以及官员变更对经济活动的影响。梅冬州等（2014）以1978~2008年中国省级数据为样本，研究发现中国经济波动与两会召开的时间密切相关。彼得罗夫斯基等（Piotroski et al.，2015）研究表明，行政型治理程度高的企业在党代会前一年会减少对负面信息的披露。

中央政府的某种重大政策或政治事件，会对地方政府和官员产生行为预期，从而对经济社会活动产生影响，使得受到影响的政府决策和企业决策行为产生周期性的"时间规律"。在不同时期，中央政府重视生态环境保护的紧迫性和力度有所差异。基于政治经济周期理论，少量学者围绕党代会、两会或其他重大事件探讨了政治周期对环境治理的影响。聂等（Nie et al.，2013）研究发现，地方政府在两会和春节等重要时期，相比追求经济增长目标，更重视追求社会稳定目标，从而造成矿难发生数量明显低于其他时期。胡珺等（2019）基于2007~2014年A股上市公司数据，从地方环境保护主管部门负责人变更的视角研究了企业环境治理的驱动机制，研究发现企业环保投资具有随地方环境保护主管部门负责人变更年份而变化的周期性。

五年规划规划了一定时期内国家的发展战略（包括绿色发展战略），是中央政府考核地方官员节能减排目标的重要抓手。相关研究考察了五年规划的环境治理效应。郑石明（2016）和王红建等（2017）考察了五年规划目标考核对环境治理的影响。有所不同的是，郑石明（2016）以区域环境为研究对象发现工业二氧化硫的排放具有五年规划的周期性，五年规划的第 1 年与第 5 年，工业二氧化硫排放量达到高峰，第 3 ~ 第 4 年，工业二氧化硫排放量较低。王红建等（2017）以非金融类上市公司为研究样本，发现上市公司的环保投资整体上呈显著的五年规划周期性。由于不同区间五年规划对节能减排的考核力度不同，龙文滨和胡珺（2018）从纵向的研究角度探讨五年规划的环境治理效应，研究发现随着历次五年规划对节能减排考核力度的增强，区域边界污染效应越明显，并且发现五年规划考核力度相对较大的省份，边界效应将被进一步加强。此外，孙伟增等（2014）研究发现，中央政府将环境治理和能源利用率等环境指标，纳入地方政府的考核体系，有助于推动地方政府积极发挥环境治理作用。

1.4.1.2　制度理论

在利益相关者理论下，企业的责任行为是为了应对来自利益相关者的诉求，从而取得利益相关者的支持（Clarkson，1994）。而在制度理论视角下，企业对利益相关者压力的回应是一种获取合法性的过程，当利益相关者支持企业的行动时，企业便会获得合法性（Delmas and Toffel，2004；解雪梅和朱琪玮，2021）。利益相关者对企业的诉求往往是多元的，但不同利益相关者的诉求偏好存在差别（Chen et al.，2023）。此时，社会与环境并非某一类特定的利益相关者，而是利益相关者整体对企业提出的诉求。例如，股东、管理者和员工等往往更为注重经济责任，进而更加关注不同的绿色责任行为如何为企业带来总体的经济收益；社区居民可能会更加注重社会责任；而在"双碳"目标影响下，政府部门则更加注重企业的环境责任。从制度复杂性的角度来看，不同利益相关者之间存在的差异性，形成了企业面临的多重制度逻辑，企业通过不同的绿色行为达成利益相关者的诉求，从而获得特定的合法性（Berrone et al.，2017），进而影响企业的绿色治理行为。

1.4.2 政府环境行为影响企业绿色治理的实证文献

基于上文的理论梳理，以下主要从政策文件、环保法律、环保监督、环保补助、政府经济激励和行政型治理等方面梳理政府环境行为影响企业绿色治理的实证研究的相关文献。

1.4.2.1 政策文件与企业绿色治理

五年规划是中央政府颁布的最重要的文件，在一定时期内规划了国家的发展战略（Shiu and Lam，2004；郑石明，2016），并且从"十一五"规划开始，中央政府在对地方政府的考评制度中加入了节能减排等绿色治理指标（Ye et al.，2008；卡恩和郑思齐，2016），形成了中央政府对地方官员的目标考核压力（王红建等，2017）。郑石明（2016）以中国 284 个城市 2003～2012 年的数据为样本，研究发现工业二氧化硫的排放具有显著的五年规划周期性。姜英兵等（2019）通过对"十一五"规划与"十二五"规划等文件的内容进行分析，将重污染上市公司所属行业分为受环保产业政策支持行业与未受环保产业政策支持行业，考察了环保产业政策对企业环保投资的影响，实证结果发现环保产业政策有利于企业加大环保投资。

1.4.2.2 环保法律与企业绿色治理

从立法层面解决环境问题，增强公众对政府的信任，已成为当下重要的改革议题。2015 年《中华人民共和国环境保护法》（以下简称"新环保法"）正式实施，作为"史上最严环保法"，其颁布实施将对企业绿色治理起到制度约束。郑建明等（2018）检验了"新环保法"对我国重污染上市公司环境信息披露的影响，结果表明"新环保法"实施提高了国有控股上市公司环境信息披露质量。潘红波等（2019）采用企业废水和废气排放的安全边界度量企业环境绩效，检验了"新环保法"对企业环境绩效的影响，结果表明"新环保法"实施能显著改善企业环境绩效。王晓祺等（2020）检验了"新环保法"对企业绿色创新的影响，结果表明"新环保法"实施能够倒逼重污染企业进行绿色创新。

1.4.2.3　环保监督与企业绿色治理

中央对地方执行环境政策监督是绿色治理至关重要的环节。2014 年 5 月，环境保护部颁布《环境保护部约谈暂行办法》[①]，引入约谈制度，并将地方政府主要负责人作为约谈对象；2015 年，为进一步加强对地方突出环境问题的整治力度和促进地方环保执法，中央政府审议通过并印发了《环境保护督察方案（试行）》，明确建立环保督察工作制度，相继在 31 个省区市开展了中央环保督察。以此为背景，环保督察对企业绿色治理影响的研究相继增多。沈红涛和周艳坤（2017）通过环保约谈的准自然实验数据，研究发现环保约谈显著改善了被约谈地区企业的环境绩效，但环境绩效改善仅仅显著存在于国有企业中。张等（Zhang et al.，2018）运用我国 2005～2009 年重污染上市公司数据，研究发现中央政府的环保督察促进了企业污染减排。杜建军等（2020）基于 2008～2018 年上市公司数据，检验了环保督察制度对企业环保投资的影响，结果表明环保督察制度促进了重污染企业环保投资水平的增加。

1.4.2.4　环保补助与企业绿色治理

引导企业不断提高绿色治理效能，防范环境公共产品引起的市场失灵，已经成为当前我国政府绿色治理进程中不可忽视的重大问题。政府为了治理环境需要拿出自身资源作为交换，政府环保补助就是政府交换筹码的重

---

① 现《生态环境部约谈办法》。——编者注

要组成部分（林润辉等，2015）。随着环保问题日益严峻，为了激励企业提高绿色治理水平，政府针对环境保护项目的补贴逐渐增多。林润辉等（2015）研究发现政治关联对民营重污染企业的环境信息披露有显著的正向影响，而政府补助在政治关联和环境信息披露的关系中起中介作用。王和张（Wang and Zhang，2020）指出企业获得环保补助更可能承担环境责任，因而政府环保补助能够促使企业增加环保支出。李青原和肖泽华（2020）研究发现作为政府影响企业绿色治理的重要方式，环保补助对企业绿色创新能力具有"挤出效应"，并且这种效应主要体现在企业对政府的迎合以及机会主义方面。

1.4.2.5 地方政府经济激励与企业绿色治理

在财政收入激励下，个别地方政府为了招商引资和吸引外来资本，竞相降低环境保护门槛，甚至通过干预建设项目环境影响评价和审批，与此同时还可能给予污染企业在土地、信贷方面的优惠政策，压低生产要素价格，客观上造成对企业继续采用原有技术、不思减排的逆向激励（沈坤荣和付文林，2006）。基于此观点，沈洪涛和马正彪（2014）通过 2008～2010 年重污染上市公司数据发现，在当地面临经济发展压力时，企业环境表现在获取新增贷款中的重要性会明显下降，即经济发展压力较大时，当地政府倾向于放松对企业的环境管制。

1.4.2.6 高管行政型治理与企业绿色治理

已有文献从"监管效应"的视角探讨高管行政型治理对企业绿色治理的影响。随着生态环境保护问题受到全社会越来越多的关注，政府以及各个法律权威主体希望企业承担更多的环境保护责任，减少对环境的污染。此时，行政型治理程度高的企业可能会被政府要求承担更多的环境保护方面的社会责任。因此，行政型治理对企业绿色治理行为可能会产生"监督效应"。焦捷等（2018）的研究指出，行政型治理程度高的企业，管理者更易受到社会公众关注，一旦其企业牵涉到环境污染事件，受到的压力和谴责也更大，因而行政型治理程度高的民营公司为了维系其在社会环境中的合法性地位，更有可能进行环境治理投资。程等（Cheng et al.，2017）的研究也表明高管行政型治理有助于企业增强环境信息披露水平。姚圣和梁昊天（2015）进一步区分了不同产权公司中的高管行政型治理对环境业绩的影响，结果表明国有企业中行政型治理对环境业绩具有显著的促进作用，民营企业中行政型治理对环境业绩具有显著的负向作用。

综上，已有文献已经逐步认识到央地两级政府环境行为对企业绿色治理的影响，但中央政府、地方政府以及企业如何互动影响企业绿色治理的机制尚未理清。未来研究需要融合政治经济学、财务管理学和公司治理等学科理论的众多观点，理清企业绿色治理维度，在构建企业绿色治理综合指标的基础上，深入探讨中央政府、地方政府以及政企关系等多种因素影响企业绿色治理的机制。

1.4.3 研究总结与展望

1.4.3.1 研究总结

通过对现有研究的回顾，本研究发现学者对政府环境行为如何影响企业绿色治理，已进行了初步的探索。可以发现，以往研究的路径基本是集中探讨中央政府、地方政府和政企关系三个独立的个体对企业绿色治理的影响，割裂了中央政府和地方政府的委托－代理关系以及中央政府（地方政府）和企业的互动关系。与此同时，已有研究在探讨企业绿色治理时，多是关注企业绿色治理的某一方面，鲜有研究关注企业绿色治理的总体水平。由此可见，企业绿色治理的研究仍处于起步阶段，对于中国情境下政府环境如何影响企业绿色治理这个话题，在理论构建和实证研究方面，仍然有很多值得探讨的问题。

1.4.3.2 未来展望

企业绿色治理水平的提升有助于推动国家绿色发展战略的实施，央地两级政府的环境行为对企业绿色治理产生着重要影响。在未来的研究中，可以深入分析并完善现有的理论框架，具体可以从以下几个方面展开。

第一，在划定绿色治理结构、绿色治理行为和绿色治理绩效的概念边界基础上，进一步探究企业绿色治理的核心特征。以往与企业绿色治理相关的研究较多地使用了不同方式的概念表述，诸如绿色治理结构、绿色治理机制和绿色治理等，并且很多文献侧重于研究政府对绿色治理某一概念下的单一特征（如环境信息披露、环保投资和环境信息披露）的影响，而忽视了政府对绿色治理多维度的特征的综合分析。以上研究方式容易造成企业绿色治理研究理论与实践的脱钩。因为从实践来看，上市公司绿色治理各维度各要素间发展存在明显的不均衡，且在绿色治理发展中呈现"倒逼"的现状，重行为而轻结构机制建设；企业绿色治理虽然不能带来短期利润，但却有助于提升公司的长期价值（李维安等，2019）。进一步，政府的某项环境行为可能推动企业在行动上重视企业绿色治理，但在结构机制上却改善甚微；政府的某项环境行为可能带来企业在环境绩效上的短期提升，却在财务绩效上难有改观。鉴于此，为了避免研究结论上出现矛盾，未来的研究应该基于企业绿色治理这一比较广泛的定义，将其划分为绿色治理结构、绿色治理行为和绿色治理绩效，分别探讨政府环境行为对上述细分维度的影响。

第二，探究央地政府互动影响企业绿色治理的机制，揭示央地两级政府不同的利益诉求及其相互交织的复杂驱动力对企业绿色治理的影响。目前我国实行的是行政分权体制，中央政府虽然负责制定环境政策，但由地方政府具体执行，中央政府和地方政府之间构成了典型的委托代理关系。中央政府的环境行为主要体现为制定环境政策，环保考核和环保约束是重要的工具。中央政府一方面通过颁布《考核评价办法》和五年规划目标考核，明确将"节能减排与环境保护"纳入地方领导干部考核体系（王红建等，2017）；另一方面通过特定时期内加强环保监管对地方政府和公司的非绿色行为加以约束。地方政府的环境行为主要体现为环境政策执行。由于地方政府具有异质性，地方政府环境政策执行力度主要取决于地方政府的环境领导力和环保动力等因素。面对中央政府的环保考核和约束政策，具有异质性的地方政府可能采取不同的执行策略。在不同时期，地方政府的差异性执行策略将更加明显。综上所述，即使在中央政府环境考核和环境约束较强的时期，由于地方政府环境行为的差异，中央政府的环境政策的激励和约束作用也存在差异。因此，中央政府环境行为能够影响企业绿色治理，但这种作用要受到地方政府环境行为的调节，即中央政府环境行为对企业绿色治理的影响存在区域性差异。以往政府与企业绿色治理关系的相关研究，多是考察中央政府和地方政府对企业绿色治理的独立影响，忽视了两者之间的互动关系。未来的研究可以综合实证分析和案例研究方法，强化以上研究。

第三，以构建国有企业绿色治理体系为目标，探究政府环境行为影响国有企业绿色治理的具体路径。国有企业兼具经济、政治与社会等在内的多重目标，企业责任的内容和程度有别于一般企业，需要实现股东责任、社会责任和环境责任等多重责任的均衡。新时代下绿色发展理念的确立，凸显了企业践行绿色责任的紧迫性和必要性。在此背景下，国有企业的发展任务被赋予更高的要求，不仅需要完成企业自身的经营目标，更需要在保障利益相关者利益、践行绿色发展等方面发挥引领作用。尽管当前对国有企业的研究已经考虑到国企绿色治理的特殊性，但是对绿色治理驱动因素与影响效果的研究主要借鉴的是一般企业的分析框架。基于合法性理论，国有企业需要通过履行绿色责任回应利益相关者期望，使自身为外部制度环境所包容和接纳。政府环境行为对国有企业的影响路径可能有别于非国有企业，未来的研究应该在理清国有企业绿色治理特征的基础上，进一步深入探讨政府环境行为对国有企业绿色治理的具体影响机制。

| 第2章 |
政府任务下沉与企业绿色治理

在绿色治理体系中，国有企业向上受到政府的委托，向下又通过金字塔控制层级将政府的绿色治理任务委托传递下去，成为将绿色治理由政策导向转为落地的重要主体。中央政府制定环保政策，并以此为基础推动各级政府积极响应和执行，而国有企业负责环保责任兜底。本章以金字塔股权结构为实证场景，基于沪深 A 股上市公司数据，考察绿色治理任务由各级政府分派到国有企业后，如何在国有企业集团中随控制层级的延长而不断增加，形成"任务下沉"现象。

2.1 问题的提出

改革开放以来，在中央政府的持续关注下，

中国的绿色治理取得重要进展。中共二十大报告强调"中国式现代化是人与自然和谐共生的现代化",将绿色治理问题提升到一个新的发展高度。既有文献试图用中央政府将注意力转移到绿色治理和加强环保绩效考核,来解释绿色治理绩效好转(Schreifels et al.,2012;王亚华和唐啸,2019)。但也有文献指出单纯的环保绩效考核并不足以引起地方政府行为的彻底改变(周雪光和练宏,2011;冉冉,2013)。既有研究对环境绩效的解释过于强调来自中央或地方政府的单一影响因素(王亚华和唐啸,2019),忽视了环保目标责任制下所形成的"中央政府—地方政府—国有企业"的三层委托代理关系。在中国绿色治理体系中,国有企业向上受到政府的委托(Xin et al.,2019),向下又通过金字塔控制层级将政府的环保任务委托传递下去,成为将绿色治理由政策导向转为落地的重要主体。中央政府制定环保政策,并以此为基础推动各级政府积极响应和执行,而国有企业负责环保责任兜底。这就要求从综合视角提出更有解释力的理论解释,用以更好地理解近年来中国环境绩效好转的根源所在。

另外,目标责任制强化了绿色治理领域中的"中央政府—地方政府—国有企业"的委托 – 代理关系。中国自"十一五"规划开始将环保目标作为约束性指标与政府官员的政绩考核相挂钩(陶峰等,2021)。此后,国家通过颁布实施多种法律法规最终强化了各级政府的环境监管责任,将环境绩效作为地方政府考核评价的重要依据:一是增加了环保指标占全部绩效考核的比重;二是将环保考核作为"一票否决"内容,成为考核评价的"硬指标";三是由上级单位根据环保指标向下级单位下派量化任务,并签订环保目标责任书(任丙强,2018)。环保目标责任制下,地方政府的环保压力不断增加,进而通过向国有企业下派环保任务将压力分解。尽管已有研究讨论了国有企业承担环境责任的动机与效果,但他们也只是在不同产权性质之间进行讨论(Ma and Liang,2018;李青原和肖泽华,2020),鲜有文献从国有企业内部角度对国企环保任务的实现机制做出研究。而国有企业控制层级的文献,多是基于政府放权的角度（Fan et al.，2013），探讨控制层级对企业创新（江轩宇，2016）、风险承担（苏坤，2016）、决策偏好（武立东等，2017）和企业并购（李维安等，2020）等经济行为的影响，仅有少量文献探讨企业安全生产（许晨曦和金宇超，2021）等社会问题。正是基于此，本研究以国有企业典型的金字塔组织体制为切入点，分析国有企业控制层级是否会影响企业绿色治理，以及将产生何种影响，以深入理解中国绿色治理的现实，推进绿色治理的学术研究。

为此，本研究试图考察国有企业集团的内部结构（控制层级）影响企业绿色治理的背后机制，以及中央政府环保政策变化、地方政府环保响应在其中的作用，将宏观政府与微观企业连接起来，为从综合视角解释中国环境绩效的改善提供经验证据。具体而言，本研究检验了国有企业是否会通过"任务下沉"实现对央地两级政府绿色治理任务的"可信承诺"。在环保目标责任制下，国有企业成为了实现政府环保目标的责任主体，并通过控制层级进一步将环保目标向下分解。由于国有企业具有的与政府层级类似的"对上负责"的控制关系、国有企业高管具有的"行政型"身份，以及随国有企业层级延伸而面临更多的外部监管，国有企业的绿色治理呈现出随控制层级延长而绿色治理投入随之增加的"任务下沉"现象。

中国国有企业普遍存在的金字塔控股结构，为本研究的研究提供了很好的实证素材。本部分以 2006～2020 年中国沪深 A 股国有控股上市公司为样本进行实证检验，发现国有企业所处控制层级与其绿色治理投入呈正相关关系，证明了绿色治理的"任务下沉"现象的存在。当中央政府环保政策强化以及地方政府环保响应加强时，国有企业绿色治理的"任务下沉"现象更为显著。这一结论在考虑了各类稳健性和内生性因素后依然成立。异质性分析方面，我们还发现当国有企业高管存在纵向关联、董事长 56 岁以下时年龄越高，以及企业处于重污染行业时，绿色治理的"任务下沉"效应更强，这也表明"任务下沉"的影响机制主要包括上级公司的控制力、高管的晋升动机和政府监督三个方面。进一步，我们还发现绿色治理的"任务下沉"虽然能够提高企业的环境绩效，但也导致了一定程度的"漂绿"现象。

与已有文献相比，本研究的贡献在于：第一，本研究发现国有企业存在着围绕绿色治理目标的"任务下沉"现象，研究结论将目标责任制的研究对象从宏观政府拓展到国有企业。第二，深化了国有企业金字塔层级的研究。以往国有企业金字塔层级的研究多是基于政府放权视角探讨其对企业创新（江轩宇，2016；Wang et al.，2022）和安全生产（许晨曦和金宇超，2021）等行为的影响，本研究基于国有企业"准行政型组织"的特性，考察了金字塔层级形成的"任务下沉"现象，这对于全面理解中国国有企业金字塔控股结构具有重要的参考意义。第三，本研究将政治机制引入国有企业治理的环境，丰富了企业绿色治理影响因素的研究。政治因素影响企业绿色治理在全球范围内普遍存在，但中国的国有企业具有双重身份，因此在面临绿色治理任务时，可能更多表现出"准行政型"组织的一方面。本研究选取中国国有企业这一独特的场景，分析控制层级对企业绿色治理的影响，丰富了企业绿色治理的相关研究。此外，本研究表明国有企业"任务下沉"现象虽然在一定程度上导致了企业的"漂绿"现象，但却能切实提升企业总体的绿色治理效果。该结论为进一步深化国家绿色治理体制改革，通过完善中央政府环保政策与法律法规、加强地方政府环保响应、优化国有企业治理结构等途径解决绿色治理危机提供理论依据和政策参考。

2.2 制度背景、理论分析与研究假设

2.2.1 环保目标责任制

目标责任制是中国政府管理体制的核心组成部分，政府部门设定、完成

和监督各项目标，并通过目标分解、部门划分、逐级摊派和层层分解等方式将其贯彻落实，上级政府通过目标完成情况对下级政府进行绩效评估（马亮，2017）。

目标责任制能够有效运行在于中国政府治理的强激励特征，行政层级所能控制的财政预算和人员福利均与行政服务和人员的努力高度相关（周黎安，2014）。而随着中国乃至全球范围内环境问题的日益严峻，目标责任制逐渐从经济领域扩展到环境领域。自 2006 年起，中央政府在绿色治理领域强化了制度供给（王亚华和唐啸，2019），通过环保目标责任制明确了各级政府参与绿色治理的主体责任，推动地方政府建立可信承诺，并且通过绩效考核和环境监督的形式对参与主体进行监督。环保目标责任制始于"十一五"规划，先由中央政府设定全国主要污染物排放总量和单位 GDP 能耗的总体控制目标，然后中央政府同各省主要领导签订环保目标责任书，再根据各省的实际情况进行分配。在此基础上，省级政府再以中央政府下达的减排目标为基础在下辖的各个市级政府进行分解，各市进一步将指标分配给区、县以及辖区内的企业（陶锋等，2021；谢贞发和王轩，2022）。环保目标责任制之所以能够实施，还在于该制度将环保指标的完成情况与各级政府的考核直接挂钩，并且规定在未能完成主要指标时对考核主体实行"一票否决"（王亚华和唐啸，2019）。

对国有企业而言，其承担的经济、社会和政治多重责任，使其成为环境目标责任制的进一步延伸。国有企业本身的性质和目标决定了承担绿色治理责任是与生俱来的重要职责（Marquis and Qian，2014；Luo et al.，2017）。中央政府的绿色治理目标为地方绿色发展提供了指引，但政府的绿色治理目标最终是由企业，尤其是国有企业来完成的。为了完成中央政府的环保考核目标，地方政府需要采取长效手段治理环境，这要求国有企业采取改善生产工业流程的环保投资作为企业治理污染的长效机制（张琦等，2019）。由于金字塔结构体制，大多数国有企业不仅受到政府的委托，而且要通过各个控制层级将政府的绿色治理任务向下分解。针对绿色治理任务，于是就形成了由"中央政府—地方政府—国有企业集团—国有企业子公司"构成的多层级控制关系。

2.2.2 国有企业绿色治理"任务下沉"

国有企业是国民经济的重要组成部分，与经济利益最大化相比，国有企业的经营目标更偏向于维护社会稳定，政府的财政补助也更多向国有企业倾斜（Wang and Zhang，2020），因此国有企业有责任执行中央政府和地方政府的相关环保政策，并相应地增加绿色治理投入。由于金字塔结构体制，大多数国有企业不仅受到政府的委托，而且要通过各个控制层级将政府的绿色治理任务向下分解。因此，绿色治理投入能够很好地匹配政府层层分解的绿色治理任务。

一方面，国有企业集团有着与政府层级相似的"对上负责"的控制链条，这种控制力是"任务下沉"的基础。国有企业集团依靠层层控股形成了金字塔型的控制链条，并通过高管纵向关联的方式加强母公司对子公司的控制力（陈仕华和卢昌崇，2013）。国有企业由此表现为向上负责的多任务特征，即国有企业向上级政府负责，国有企业高管向主管官员负责（Xin et al.，2019）。集团公司与控股公司之间形成了一种"层层下达、层层上报"的管理方式（钱婷和武常岐，2016），母公司对子公司进行绩效考核，并由此决定了子公司高管的薪酬获取与晋升概率。此时，对于母公司分派的环保任务，位于中间层级的公司为确保任务的完成、避免因为任何下级目标的失败而导致任务落空，有时会按照"取法乎上，得乎其中；取法乎中，得乎其下"的逻辑，在任务的进一步分解中进行加码。

另一方面，监督是国有企业绿色治理"任务下沉"的关键因素。为了完成绿色治理任务，政府同样将绿色治理指标纳入对国企高管的考核评价（Edin，2003），以此激励国企承担更多的环境责任等非经济目标。与环保任务在政府层级间的传递不同之处在于，企业在绿色治理中还处于被监管者的地位。绿色治理既不能为企业带来直观的经济收益，又往往具有投资周期长、前期收益低、风险偏大等问题（李青原和肖泽华，2020），因此企业主动进行绿色治理的动机往往较低。众多文献对环境规制等外部监管对企业绿色治理行为的影响进行了研究，并认为监管力量的强弱是影响企业绿色治理的重要因素（王云等，2017；李青原和肖泽华，2020；罗知和齐博成，2021）。对国有企业而言，其绿色治理既面临来自中央政府的垂直监管，也受到来自地方政府的属地监管（谢东明，2020）。随着控制层级的增多，会有越多层级的政府和上级公司参与到企业的监管之中，企业将面临更多的绿色治理任务和合规压力，进一步强化了国有企业绿色治理的"任务下沉"。

基于以上分析，本研究提出如下假设：

H2 - 1：国有企业绿色治理存在"任务下沉"，即国有企业绿色治理投入与其所处的控制层级长度正相关。

2.2.3 中央政府环保政策变化和地方政府环保响应的影响

以上分析从国有企业自身的角度，探讨了国有企业绿色治理"任务下沉"的理论逻辑。与此同时，国有企业的该种现象会受到中央政府环保政策变化和地方政府环保响应的影响。

中央政府通过制定环境政策以及相应的考核机制和约束机制来保证环保制度的有效性。环保政策实施过程中，中央政府主要通过制定考核指标和激励机制来监督地方政府的环境执行行为（杨雪锋等，2015）。但即使是面临相同的考核指标和约束机制，由于信息不对称，不同地方政府在响应中央政府的环保政策时可能存在差异性。当地方政府环保响应处于低水平时，宽松的环境规制会导致企业较低的环境标准遵守率和较少的环保支出（Gray and Deily，1996）。而当地方政府环保响应处于较高水平，企业要面临严格的环境规制时，此时企业不仅要实现利润最大化的目标，更要履行实现环境保护的目标（陈艳莹等，2020）。

在中国的制度背景下，绿色治理体制依据行政区域的划分来设置管理权限，按照政府层级的构成进行垂直式领导，也就是中央政府统一制定环境政策，地方政府负责各辖区内环境政策的执行。姜珂和游达明（2016）借助演化经济学工具的一项研究发现，央地两级政府在环境规制策略执行过程中的动态演化，在很大程度上要取决于地方政府环境政策执行力度、成本、收益和损失以及中央政府监管力度、成本和处罚力度等因素的大小。

从"十一五"规划开始，中央政府在地方政府的考评制度中加入了节能减排等绿色治理指标（Ye et al.，2008），形成了中央政府对地方政府的考核压力（王红建等，2017；龙文滨和胡珺，2018）。自 2012 年中共十八大将生态文明建设纳入"五位一体"总体布局后，《环境保护部约谈暂行办法》《环境保护督察方案（试行）》，以及全面修订后的《中华人民共和国环境保护法》等环保政策和法律法规相继出台，企业绿色治理问题愈加受到中央政府的高度重视。一系列环保政策的强化对地方政府的环保动机和环保响应产生了重大影响。一方面，地方政府难以再"策略性"地优化环境数据，且其绿色治理效果将受到全社会监督，促使其切实开展绿色治理行动；另一方面，环境保护目标的完成情况成为考核评价地方官员晋升的重要依据，强化了政府的环境监管责任，促使其采取多种正式和非正式机制进行绿色治理。中央政府环保政策的增加，传递了中央政府强化环境保护目标的理念，提高了环保任务在高管绩效与晋升考核中的重要性；而地方政府环保响应的加强则进一步提高了地方政府的绿色治理监管力度，确保了中央政府环保目标的有效落实，进而强化了国有企业绿色治理的"任务下沉"。

基于此，本研究提出如下假设：

H2-2：当中央政府环保政策更严格时，国有企业绿色治理投入与其所处的控制层级长度之间的正相关关系更强。

H2 - 3：当地方政府环保响应程度更高时，国有企业绿色治理投入与其所处的控制层级长度之间的正相关关系更强。

2.3　研究设计

2.3.1　样本选择与数据来源

本研究选取中国 2012~2020 年沪深两市 A 股国有上市企业为初始样本。之所以选取 2012 年作为起始年份，是因为在 2012 年之前，环境问题尚未得到中央政府的足够重视，而中共十八大正式将生态文明建设纳入"五位一体"总体布局中（张琦等，2019），一系列环境政策陆续出台，环境目标责任制开始正式落实。根据研究需要，本研究对数据进行如下筛选：①剔除了当年交易状态为 ST 和 *ST 的样本公司；②剔除金融类与地产类上市公司；③剔除关键指标数据缺失的样本。最终得到 6550 个样本观测值。

绿色治理投入数据来源于上市公司年报中的在建工程和管理费用科目，手工收集并整理了企业环境资本支出和排污费等数据；控制层级数据根据上市公司年报以方框图形式披露的公司控制人与公司之间的产权和控制关系图确定；GDP 数据来源于国家统计局；其他控制变量的数据来源于国泰安（CSMAR）数据库。

2.3.2　模型设定与变量说明

本研究以模型（2-1）来检验国有企业控制层级对企业绿色治理投入的影响。

$$Env\_inv_{i,t} = \alpha_1 + \beta_1 Layer_{i,t} + \gamma Control_{i,t} + \delta_j + \delta_t + \varepsilon_{i,t} \qquad (2-1)$$

其中，被解释变量为绿色治理投入（Env_inv），解释变量为控制层级（$Layer$）。$Control$ 表示控制变量集合，δ_j 和 δ_t 分别表示年份效应和行业效应。其中，年度虚拟变量控制了各年宏观政策的差异影响，行业按证监会上市公司行业分类指引分类二级代码分类。$\varepsilon_{i,t}$ 为随机扰动项。由于被解释变量绿色治理投入（Env_inv）是必然大于等于 0 的受限变量，本研究采用 Tobit 方法进行回归分析，并采用稳健标准误进行估计。若解释变量（$Layer$）的系数 β_1 显著为正，则表明控制层级（$Layer$）与企业绿色治理投入（Env_inv）正相关，即假设 H2-1 成立。

本研究进一步以模型（2-2）来检验中央政府环保政策变化与地方政府环保响应对国有企业绿色治理"任务下沉"的调节作用。

$$Env\_inv_{i,t} = \alpha_2 + \beta_2 Layer_{i,t} + \beta_3 Moderate_{i,t} + \beta_4 Moderate_{i,t} \times Layer_{i,t}$$
$$+ \gamma Control_{i,t} + \delta_j + \delta_t + \varepsilon_{i,t} \qquad (2-2)$$

其中，$Moderate$ 为调节变量，分别为中央政府环保政策变化（CG）和地方政府环保响应（LG）。若调节变量与解释变量的交乘项（$Moderate \times Layer$）的系数 β_4 显著为正，则表明中央政府环保政策变化和地方政府环保响应能够正向调节控制层级与绿色治理投入之间的正相关关系，即假设 H2-2 和 H2-3 得证。

2.3.2.1 被解释变量：绿色治理投入

本研究借鉴帕滕（Patten，2005）和张琦等（2019）的做法，用企业当年的环境资本总支出作为绿色治理投入的代理变量，并使用公司总资产进行标准化。绿色治理投入包括两个项目的加总：一是企业年报在建工程科目中与环境保护直接相关的项目支出，如脱硫项目、脱硝项目、污水处理、废气、除尘和节能等项目数据；二是企业年报中"管理费用"科目涉及的绿化费和排污费等项目。

2.3.2.2 解释变量：控制层级

控制层级（*Layer*）是模型（2-1）和模型（2-2）的解释变量，本研究参照范等（Fan et al., 2013）的研究，通过对上市公司年报披露的"公司与实际控制人之间的产权及控制关系方框图"进行手动整理，如果最终控制人直接控制上市公司，则控制层级为 1，然后依次类推，控制链上每一个单位算一个层级（不包括上市公司本身）计算控制层级数。

2.3.2.3 调节变量：中央政府环保政策变化（*CG*）和地方政府环保响应（*LG*）

近二十年来，中央政府开始正视且逐步重视绿色治理问题，对绿色治理的制度供给不断完善，其中最具代表性的事件是在 2015 年，被称为"史上最严"的新《中华人民共和国环保法》正式实行。其中正式明确了企业防治环境污染的主体责任，绿色治理的顶层设计进一步完善（斯丽娟和曹昊煜，2022），中央政府对绿色治理的重视由"口头强调"转为制度规范。为此，本研究借鉴龙文滨和胡珺（2018）的方法，设置虚拟变量 *CG*，当样本所处年份在 2015 年之后时 *CG* 取 1，否则取 0，以检验中央政府环保政策变化对国有企业绿色治理"任务下沉"的差异性影响。

地方政府环保响应是影响国有企业绿色治理"任务下沉"的另一个重要因素，主要体现为地方政府对中央下达的环境目标的重视程度，并进而影响地方政府在对国有企业高管进行的绩效考核中环境目标的重要性和地方政府的环境监管强度。借鉴王印红和李萌竹（2017）、祝树金等（2022）的研究，本研究选取政府工作报告中环保词条占总字数的比例度量地方政府环保响应（*LG*）。具体而言，本研究手动整理了 2006～2020 年各省和地级市的政府工作报告，统计出其中排污、生态、空气、低碳、二氧化碳、减排、环保、化学需氧量、PM2.5、PM10、二氧化硫污染、环境保护、能耗和绿色等词条的出现频次占政府工作报告中总词频数的比例。

2.3.2.4 控制变量

借鉴已有研究的做法（胡珺等，2017；马文超和唐勇军，2018；沈宇峰和徐晓东，2019；Wang and Zhang，2020），本研究从以下几个层面选择控制变量，分别是：财务指标层面，包括公司规模（Size）、成立时间（Age）、盈利能力（ROA）、现金流（Cash）和资产负债率（Debt）；公司治理层面，包括股权集中度（Share）、管理层持股（Mshare）、董事会规模（Board）和两职合一（Duality）；地区层面：包括地区经济发展水平（GDP）。本研究还加入了行业虚拟变量（Industry）和年份虚拟变量（Year），以控制无法观测到的只随行业或年份而变的因素的影响。各变量的定义详见表 2-1。为了消除极端值的影响，本研究对上述变量处于 0~1% 和 99%~100% 的极端值样本进行缩尾（Winsorize）处理。

表 2-1 变量定义与测度

变量类型		变量名称	变量符号	变量定义
被解释变量		绿色治理投入	Env_inv	公司环保投资/总资产
解释变量		控制层级	Layer	最终控制人到上市公司间通过层层持股形成的控制链长度
调节变量		中央政府环保政策变化	CG	2015 年新《中华人民共和国环保法》实行后取 1，否则取 0
		地方政府环保响应	LG	政府工作报告中环保词频占比（%）
控制变量	财务指标	公司规模	Size	总资产的自然对数
		成立时间	Age	公司上市年份的自然对数
		盈利能力	ROA	公司净利润与总资产的比值
		现金流	Cash	经营活动产生的现金流量净额与总资产的比值
		资产负债率	Debt	总负债与总资产的比值

变量类型		变量名称	变量符号	变量定义
控制变量	公司治理	股权集中度	*Share*	公司前十大股东持股比例×100
		管理层持股	*Mshare*	公司董监高人员持股比例
		董事会规模	*Board*	董事会人数
		二职兼任	*Dual*	公司董事长和总经理是否由一人兼任
	其他	地区经济水平	*GDP*	地区生产总值的自然对数
		行业虚拟变量	*Industry*	2012 年证监会行业分类代码（非制造业取首位）
		年份虚拟变量	*Year*	样本所处年份的虚拟变量

2.3.3　描述性统计

表 2 – 2 报告了主要变量的描述性统计结果。可以发现，样本企业绿色治理投入（*Env_inv*）的均值是 0.004，最小值为 0.000，最大值为 0.076，标准差为 0.011，说明样本国有企业绿色治理投入差距较大。控制层级（*Layer*）的均值为 2.582，最小值为 1，最大值为 6，标准差为 0.875，说明我国国有企业控制层级数量平均在 2 ~ 3 层之间，不同企业间控制层级数量差别较大。

表 2 – 2　　　　　　　　　变量描述性统计

变量	均值	标准差	最小值	最大值
Env_inv	0.004	0.011	0.000	0.076
Layer	2.582	0.875	1.000	6.000
CG	0.530	0.499	0.000	1.000
LG	0.007	0.002	0.002	0.015
Size	22.857	1.384	20.134	26.623
Age	0.029	0.161	– 6.776	8.441

续表

变量	均值	标准差	最小值	最大值
ROA	2.696	0.543	0.693	3.332
Cash	0.046	0.066	-0.160	0.228
Debt	0.504	0.198	0.085	0.944
Share	58.098	15.657	25.070	92.310
Mshare	0.005	0.022	0.000	0.158
Board	9.176	1.835	5.000	15.000
Dual	0.093	0.290	0.000	1.000
GDP	10.279	0.718	7.931	11.619

2.4 实证结果分析

2.4.1 相关系数检验结果

表 2-3 报告了各变量之间的相关系数情况。从中可以看出，控制层级（Layer）与绿色治理投入（Env_inv）之间的相关系数为 0.02，但未达到 10% 的显著性水平。表明在不考虑其他影响因素的情况，控制层级与企业绿色治理投入间存在一定的正相关关系，这与假设 H2-1 预期的方向相符，但由于缺少其他控制变量，尚不能以此做出控制层级与绿色治理投入间因果关系的判断。同时，所有变量相关系数均在 0.5 以下。本研究还计算了方差膨胀因子（VIF），各个变量之间的 VIF 值在 1.02~1.68 之间，均值为 1.20，表明不存在明显的多重共线性问题。

表 2 - 3

变量相关系数

变量	Env_inv	Layer	CG	LG	Size	Age	ROA	Cash	Debt	Share	Mshare	Board	Dual	GDP
Env_inv	1													
Layer	0.02	1												
CG	0.05***	0.01	1											
LG	0.03***	-0.01	0.20***	1										
Size	0.05**	-0.09***	0.15***	0.03**	1									
Age	0.00	0.01	0.01	0.02*	0.01	1								
ROA	0.01	0.12***	0.17***	0.00	0.07***	-0.03***	1							
Cash	0.06***	-0.01	0.06***	0.02*	0.12***	0.07***	-0.07***	1						
Debt	0.07***	-0.05***	-0.07***	-0.02*	0.39***	-0.14***	0.16***	-0.17***	1					
Share	0.03**	-0.05***	0.06***	0.02*	0.41***	0.05***	-0.30***	0.17***	-0.01	1				
Mshare	-0.03**	-0.04***	0.04***	0.00	-0.10***	0.03***	-0.32***	0.00	-0.12***	0.00	1			
Board	0.03**	-0.01	-0.04***	0.03**	0.23***	0.00	-0.08***	0.07***	0.07***	0.13***	0.00	1		
Dual	0.01	-0.02	0.00	-0.03**	-0.04***	0.02*	0.01	-0.02	0.01	-0.10***	0.01	-0.06***	1	
GDP	0.00	0.00	0.25***	0.08***	0.09***	0.03**	0.07***	0.07***	-0.07***	0.05**	0.10***	-0.03**	0.01	1

注：***、**、* 分别表示在 1%、5% 和 10% 的显著性水平上显著。

2.4.2 国有企业控制层级与绿色治理投入的回归结果

表 2-4 报告了国有企业控制层级与绿色治理投入的回归结果。其中，列（1）为仅包含控制变量的基准回归模型。列（2）将控制层级（*Layer*）纳入，其系数为 0.0014，且在 1% 水平上显著，表明随着国有企业控制层级的增加，企业绿色治理投入显著提高。具体而言：在中国式环保目标责任制下，控制层级越多的国有企业环保投入越多，表现为国有企业绿色治理的"任务下沉"现象，假设 H2-1 成立。

表 2-4 控制层级与企业绿色治理投入的回归结果

变量	（1） *Env_inv*	（2） *Env_inv*	（3） *Env_inv*	（4） *Env_inv*
Layer		0.0014 *** （2.86）	0.0014 *** （2.87）	0.0013 *** （2.80）
CG	0.0074 *** （3.66）	0.0070 *** （3.45）	0.0069 *** （3.42）	0.0074 *** （3.59）
LG	0.0041 * （1.72）	0.0042 * （1.76）	0.0043 * （1.80）	0.0042 * （1.76）
Layer × CG			0.0018 ** （2.22）	
Layer × LG				0.0070 ** （2.20）
Size	0.0007 * （1.90）	0.0008 ** （2.25）	0.0008 ** （2.17）	0.0007 ** （2.12）
Age	−0.0007 （−0.85）	−0.0010 （−1.10）	−0.0009 （−1.07）	−0.0009 （−1.09）
ROA	−0.0025 （−1.19）	−0.0024 （−1.19）	−0.0024 （−1.18）	−0.0024 （−1.22）

续表

变量	(1) Env_inv	(2) Env_inv	(3) Env_inv	(4) Env_inv
Cash	− 0.0003 (− 0.06)	− 0.0007 (− 0.12)	− 0.0005 (− 0.09)	− 0.0003 (− 0.06)
Debt	0.0110 *** (4.00)	0.0113 *** (4.05)	0.0114 *** (4.05)	0.0116 *** (4.06)
Share	0.0001 (1.51)	0.0001 (1.44)	0.0001 (1.48)	0.0001 (1.43)
Mshare	− 0.0410 ** (− 2.06)	− 0.0386 * (− 1.94)	− 0.0384 * (− 1.93)	− 0.0371 * (− 1.87)
Board	− 0.0002 (− 0.80)	− 0.0002 (− 0.84)	− 0.0002 (− 0.81)	− 0.0002 (− 0.82)
Dual	0.0004 (0.29)	0.0005 (0.40)	0.0005 (0.38)	0.0005 (0.38)
GDP	0.0001 (0.25)	0.0002 (0.31)	0.0002 (0.37)	0.0002 (0.29)
行业	是	是	是	是
年份	是	是	是	是
常数项	− 0.0356 *** (− 4.12)	− 0.0409 *** (− 4.55)	− 0.0412 *** (− 4.59)	− 0.0401 *** (− 4.47)
样本数	6550	6550	6550	6550
Log likelihood	4913	4913	4915	4918
Left-censored	3707	3707	3707	3707

注：括号内为经过稳健标准误调整后的 t 值；***、**、* 分别表示在 1%、5% 和 10% 的显著性水平上显著。

前文从国有企业控制层级角度证实了"任务下沉"的假说，参考现有文献，我们分别从中央政府环保政策变化和地方政府环保响应对国有企业绿色治理"任务下沉"的影响。列（3）与列（4）进一步分别将中央政府环保政策变化（*CG*）和地方政府环保响应（*LG*）与控制层级的交乘项纳入，考察中央政府环保政策变化和地方政府环保响应对国有企业绿色治理"任务下沉"现象的调节作用。回归结果表明，中央政府环保政策变化（*CG*）与控制层级（*Layer*）的交乘项的系数为 0.0018，且在 5% 水平上显著，表明随着中央政府对绿色治理的重视程度提高、环保政策更为完善，国有企业的绿色治理"任务下沉"更强，假设 H2 - 2 成立。地方政府环保响应（*LG*）与控制层级的交乘项的系数为 0.0070，且在 5% 水平上显著，表明当地方政府更加积极响应中央政府的环保政策时，国有企业绿色治理的"任务下沉"现象更强，假设 H2 - 3 成立。

2.4.3 稳健性检验与内生性解决

2.4.3.1 替换关键变量的度量方式

对于被解释变量，本研究借鉴谢贞发等（2023）的做法，使用绿色治理投入的自然对数值（ln*Env*）作为替代变量。实证结果如表 2 - 5 所示。结果表明，在考虑替换被解释变量的度量方式后，原主要结论依然成立。

表 2 - 5　　　　　替换关键变量度量方式后的回归结果

变量	（1） ln*Env*	（2） ln*Env*	（3） ln*Env*
Layer	0.0776 * (1.77)	0.0336 (0.75)	0.0257 (0.58)
CG	0.4664 ** (2.11)	0.6224 *** (2.65)	0.6604 *** (2.82)
LG	0.7022 *** (2.91)	0.8265 *** (3.23)	0.8146 *** (3.18)

变量	（1） ln*Env*	（2） ln*Env*	（3） ln*Env*
Layer × CG		0.2181 ** （2.44）	
Layer × LG			0.4674 ** （2.01）
Size	0.6572 *** （15.04）	0.6477 *** （14.46）	0.6462 *** （14.44）
Age	0.0015 （0.01）	− 0.0174 （− 0.17）	− 0.0200 （− 0.19）
ROA	− 0.6313 * （− 1.80）	− 1.0313 （− 1.64）	− 1.0143 （− 1.63）
Cash	0.4763 （0.70）	2.6719 *** （3.69）	2.6867 *** （3.72）
Debt	0.8608 *** （3.25）	1.1730 *** （4.17）	1.1895 *** （4.24）
Share	0.0066 * （1.89）	0.0035 （0.98）	0.0034 （0.96）
Mshare	− 4.6139 * （− 1.81）	− 10.3874 *** （− 3.90）	− 10.3190 *** （− 3.88）
Board	0.0033 （0.13）	− 0.0004 （− 0.01）	0.0001 （0.01）
Dual	0.0015 （0.01）	0.0052 （0.03）	0.0102 （0.06）
GDP	− 0.0182 （− 0.28）	− 0.2090 *** （− 3.12）	− 0.2134 *** （− 3.19）
行业	是	是	是
年份	是	是	是
常数项	− 16.0246 *** （− 15.00）	− 14.0860 *** （− 12.94）	− 13.9873 *** （− 12.86）

续表

变量	(1) lnEnv	(2) lnEnv	(3) lnEnv
样本数	6550	6550	6550
Log likelihood	− 8934	− 9238	− 9240
Left-censored	3707	3707	3707

注：括号内为经过稳健标准误调整后的 t 值；*** 、 ** 、 * 分别表示在 1%、5% 和 10% 的显著性水平上显著。

2.4.3.2 考虑潜在的模型偏误

一方面，考虑滞后效应。由于环保任务在不同层级政府和国有企业的控制链条之间的传递需要一段时间，因此企业环保治理投入的"任务下沉"现象可能存在滞后。同时，为了避免由于解释变量与被解释变量之间互为因果而导致的内生性问题，本研究借鉴现有企业绿色治理研究的普遍做法（王云等，2017；陈诗一等，2021），对解释变量取滞后一期，进行稳健性检验。另一方面，替换回归方法。由于本研究被解释变量（Env_inv）为受限变量，本研究主回归采用 Tobit 方法对模型（2 – 1）进行估计。为排除由回归方法带来的潜在的差别，本研究借鉴了现有企业绿色治理投入相关研究的普遍做法（胡珺等，2019；田利辉等，2022），使用最小二乘法 OLS 进行稳健性检验。实证结果如表 2 – 6 所示。结果表明，在考虑滞后效应，以及替换其他回归方法后，原主要结论依然成立。

表 2 – 6　　　　采用滞后期以及更换回归方法的回归结果

变量	(1) Env_inv_{t+1}	(2) Env_inv_{t+1}	(3) Env_inv_{t+1}	(4) Env_inv	(5) Env_inv	(6) Env_inv
Layer	0.0010 ** (2.15)	0.0008 * (1.84)	0.0007 (1.58)	0.0006 ** (2.34)	0.0007 ** (2.40)	0.0006 ** (2.35)

变量	(1) Env_inv_{t+1}	(2) Env_inv_{t+1}	(3) Env_inv_{t+1}	(4) Env_inv	(5) Env_inv	(6) Env_inv
CG	0.0095 ***	0.0094 ***	0.0099 ***	0.0038 ***	0.0038 ***	0.0040 ***
	(4.87)	(4.78)	(5.08)	(3.50)	(3.46)	(3.62)
LG	0.0056 **	0.0057 **	0.0053 **	0.0009	0.0009	0.0009
	(2.35)	(2.40)	(2.23)	(0.69)	(0.71)	(0.73)
$Layer \times CG$		0.0027 ***			0.0008 *	
		(3.04)			(1.75)	
$Layer \times LG$			0.0094 ***			0.0041 **
			(3.66)			(2.00)
$Size$	0.0003	0.0003	0.0003	-0.0000	-0.0000	-0.0000
	(0.80)	(0.74)	(0.68)	(-0.15)	(-0.19)	(-0.23)
Age	-0.0009	-0.0009	-0.0010	-0.0005	-0.0005	-0.0005
	(-0.92)	(-0.91)	(-0.99)	(-1.09)	(-1.09)	(-1.10)
ROA	-0.0024	-0.0026	-0.0027	0.0004	0.0004	0.0004
	(-0.72)	(-0.75)	(-0.78)	(0.78)	(0.84)	(0.66)
$Cash$	0.0127 *	0.0128 *	0.0132 *	0.0003	0.0003	0.0005
	(1.85)	(1.87)	(1.94)	(0.12)	(0.13)	(0.20)
$Debt$	0.0121 ***	0.0122 ***	0.0122 ***	0.0048 ***	0.0048 ***	0.0048 ***
	(4.66)	(4.70)	(4.71)	(3.60)	(3.60)	(3.59)
$Share$	0.0000	0.0000	0.0000	-0.0000	-0.0000	-0.0000
	(0.98)	(1.02)	(0.96)	(-0.80)	(-0.77)	(-0.80)
$Mshare$	-0.1073 ***	-0.1056 ***	-0.1056 ***	-0.0021	-0.0021	-0.0017
	(-3.75)	(-3.69)	(-3.70)	(-0.34)	(-0.34)	(-0.27)
$Board$	-0.0001	-0.0001	-0.0001	-0.0001	-0.0001	-0.0001
	(-0.61)	(-0.56)	(-0.55)	(-0.95)	(-0.95)	(-0.92)
$Dual$	0.0007	0.0005	0.0007	0.0008	0.0008	0.0008
	(0.44)	(0.37)	(0.46)	(1.14)	(1.12)	(1.16)
GDP	-0.0006	-0.0006	-0.0007	0.0002	0.0002	0.0002
	(-1.01)	(-0.95)	(-1.09)	(0.57)	(0.61)	(0.56)

续表

变量	(1) Env_inv_{t+1}	(2) Env_inv_{t+1}	(3) Env_inv_{t+1}	(4) Env_inv	(5) Env_inv	(6) Env_inv
行业	是	是	是	是	是	是
年份	是	是	是	是	是	是
常数项	− 0.0252 ** (− 2.50)	− 0.0250 ** (− 2.48)	− 0.0231 ** (− 2.28)	− 0.0017 (− 0.34)	− 0.0018 (− 0.37)	− 0.0014 (− 0.29)
样本数	5479	5479	5479	6550	6550	6550
LL	4068	4073	4075	17922	17924	17928
LC	3078	3078	3078			
R^2_adj				0.119	0.120	0.121

注：括号内为经过稳健标准误调整后的 t 值；***、**、* 分别表示在 1%、5% 和 10% 的显著性水平上显著。由于考察滞后效应会导致样本缺失，列（1）~列（3）样本量发生变化。

2.4.3.3 排除控制层级所产生的其他替代性解释

一方面，金字塔结构的形成也可能造成公司控制权和现金流权分离，引发大股东"掏空"行为（Shleifer and Vishny，1997；Bertrand et al.，2000；程仲鸣等，2008；刘慧龙，2017）。现有研究表明，绿色治理在金字塔结构中存在"污染转移"（宋德勇等，2021），在绿色治理情境下，大股东的"掏空"行为可能会演变为大股东违背其他中小股东意愿加大子公司的环境投入，从而利用子公司帮助自己完成环保任务的现象。因此，本研究结论可能并不完全是环境目标责任制下的绿色治理"任务下沉"所导致，也可能因为两权分离本身影响企业的环保任务负担。为排除这种替代性解释，我们借鉴徐晨曦和金宇超（2021）的做法，在模型（2−1）和模型（2−2）中加入了企业控制权与所有权之间的两权分离度（Seperation）并重新回归。另一方面，造成绿色治理"任务下沉"的基本前提是环保目标责任制，即绿色治理不仅是一种环保行为，更是一种行政任务。而对于民营企业而言，其环保行为不存在明显的行政目的，则不会出现"任务下沉"现象。为此，本研究进一步以民营企业为研究样本，作为论证国有企业环保"任务下沉"现象的侧面证据。结果如表 2-7 所示。其中，列（1）~列（3）为增加控制变量的回归结果，可见原主要结论依然保持不变，且两权分离度（*Separation*）自身的回归系数不显著，表明企业绿色治理投入随控制层级而增加是由环保"任务下沉"导致，而非由于大股东掏空行为。列（4）为使用民营企业样本的回归结果，控制层级（*Layer*）的系数为 -0.0001，且未达到 10% 的显著性水平。表明在绿色治理未纳入环保目标责任制的民营企业中，绿色治理的"任务下沉"现象也不存在。由于控制层级延长造成股东对企业控制力度的降低，企业的绿色治理投入反而呈现出一定的下降趋势。

表 2-7　　　　加入两权分离度以及使用民营企业样本的回归结果

变量	(1) *Env_inv*	(2) *Env_inv*	(3) *Env_inv*	(4) *Env_inv*
Layer	0.0016 *** (2.77)	0.0016 *** (2.80)	0.0015 *** (2.72)	-0.0001 (-1.07)
CG	0.0074 *** (3.56)	0.0073 *** (3.51)	0.0078 *** (3.70)	-0.0001 (-0.10)
LG	0.0037 (1.52)	0.0038 (1.55)	0.0037 (1.53)	0.0012 *** (3.16)
Layer × CG		0.0024 *** (2.67)		
Layer × LG			0.0078 ** (2.32)	
Seperation	-0.0001 (-1.08)	-0.0001 (-1.10)	-0.0001 (-1.18)	0.0001 (0.22)
Size	0.0008 ** (2.19)	0.0008 ** (2.11)	0.0007 ** (2.05)	0.0007 *** (8.70)

续表

变量	（1） Env_inv	（2） Env_inv	（3） Env_inv	（4） Env_inv
Age	-0.0009 （-0.97）	-0.0008 （-0.95）	-0.0008 （-0.94）	0.0002 （1.63）
ROA	-0.0024 （-1.14）	-0.0025 （-1.15）	-0.0025 （-1.20）	-0.0013 *** （-2.65）
Cash	-0.0005 （-0.08）	-0.0005 （-0.09）	-0.0000 （-0.01）	0.0014 （1.55）
Debt	0.0115 *** （3.97）	0.0115 *** （3.96）	0.0118 *** （3.99）	-0.0001 （-0.16）
Share	0.0000 （1.52）	0.0000 （1.53）	0.0000 （1.53）	-0.0001 *** （-3.43）
Mshare	-0.0450 ** （-2.25）	-0.0448 ** （-2.24）	-0.0436 ** （-2.19）	-0.0012 *** （-2.77）
Board	-0.0001 （-0.51）	-0.0001 （-0.48）	-0.0001 （-0.46）	0.0001 （0.02）
Dual	0.0002 （0.15）	0.0002 （0.12）	0.0002 （0.14）	-0.0005 *** （-3.86）
GDP	-0.0001 （-0.11）	-0.0000 （-0.05）	-0.0001 （-0.14）	-0.0001 （-1.33）
行业	是	是	是	是
年份	是	是	是	是
常数项	-0.0401 *** （-4.33）	-0.0403 *** （-4.36）	-0.0393 *** （-4.26）	-0.0150 *** （-7.90）
样本数	6304	6304	6304	11592
Log likelihood	4733	4737	4739	7546
Left-censored	3549	3549	3549	8934

注：括号内为经过稳健标准误调整后的 t 值；*** 、** 、* 分别表示在 1% 、5% 和 10% 的显著性水平上显著。列（1）~列（3）为加入两权分离度（Seperation）作为控制变量的回归结果，列（4）为使用民营企业样本的回归结果，鉴于民营企业金字塔层级中两权分离问题更为明显，本研究同样保留了该控制变量。由于两权分离度变量存在缺失，列（1）~列（3）样本量发生变化。

2.4.3.4 其他内生性检验

国有企业控制层级和绿色治理投入的关系可能受到某些遗漏变量的影响，导致内生性问题。为此，本研究借鉴现有关于国有企业控制层级的相关研究（Lin et al.，2012；刘行和李小荣，2012；刘慧龙，2017），使用公司所在行业和地区当年全部国有企业控制层级的均值（*mLayer*）作为国有企业控制层级（*Layer*）的工具变量，使用二阶段 Tobit 方法来解决潜在的内生性问题。检验结果如表 2-8 所示。结果表明，在使用工具变量进行二阶段 Tobit 方法后得到的结论依然稳健。

表 2-8　　　　　　　　　　使用工具变量进行回归的结果

变量	（1） *Layer*	（2） *Env_inv*	（3） *Env_inv*	（4） *Env_inv*
mLayer	0.9986 *** （30.52）			
Layer		0.0024 *** （3.32）	0.0024 *** （3.36）	0.0023 *** （3.25）
CG	0.2103 *** （4.29）	0.0078 *** （3.84）	0.0076 *** （3.73）	0.0082 *** （3.94）
LG	−0.0720 （−1.47）	0.0047 ** （2.01）	0.0048 ** （2.04）	0.0047 ** （2.00）
Layer × CG			0.0021 ** （2.52）	
Layer × LG				0.0077 ** （2.41）
Size	−0.0411 *** （−4.54）	0.0007 ** （2.06）	0.0007 ** （2.02）	0.0007 * （1.88）
Age	0.1023 *** （5.04）	−0.0016 * （−1.85）	−0.0015 * （−1.78）	−0.0015 * （−1.78）

续表

变量	(1) Layer	(2) Env_inv	(3) Env_inv	(4) Env_inv
ROA	0.0716 (0.78)	−0.0042 (−1.40)	−0.0043 (−1.42)	−0.0041 (−1.42)
Cash	0.0901 (0.61)	0.0124 ** (2.21)	0.0123 ** (2.20)	0.0126 ** (2.24)
Debt	−0.0051 (−0.08)	0.0129 *** (4.65)	0.0129 *** (4.64)	0.0131 *** (4.65)
Share	0.0003 (0.40)	0.0000 (0.26)	0.0000 (0.29)	0.0000 (0.29)
Mshare	−1.4633 *** (−2.68)	−0.0710 *** (−3.51)	−0.0705 *** (−3.49)	−0.0691 *** (−3.43)
Board	0.0202 *** (3.71)	−0.0002 (−0.90)	−0.0002 (−0.88)	−0.0002 (−0.84)
Dual	−0.0532 * (−1.65)	0.0007 (0.52)	0.0007 (0.49)	0.0007 (0.52)
GDP	0.0057 (0.41)	−0.0007 (−1.29)	−0.0007 (−1.23)	−0.0007 (−1.32)
行业	是	是	是	是
年份	是	是	是	是
常数项	0.2897 (1.15)	−0.0313 *** (−3.47)	−0.0319 *** (−3.55)	−0.0303 *** (−3.37)
样本数	6550	6552	6550	6550
Log likelihood	−7364	4780	4778	4780
Left-censored		3707	3707	3707
R^2	0.379			

注：括号内为经过稳健标准误调整后的 t 值；***、**、* 分别表示在 1%、5% 和 10% 的显著性水平上显著。列 (1) 为第一阶段国企控制层级 (Layer) 对工具变量 (mLayer) 的最小二乘法回归结果，列 (2) ~ 列 (4) 为第二阶段国企绿色治理投入 (Env_inv) 对控制层级 (Layer) 的拟合值的 Tobit 回归结果。

2.5　进一步研究

2.5.1　机制检验与异质性分析

前文分析表明，国有企业绿色治理的"任务下沉"现象主要源于三方面机制：国有企业集团中"对上负责"的治理模式形成的母公司对子公司的强控制力，国企高管的行政型治理模式，以及位于控制链远端子公司面临的多重监管。基于此，本研究分别基于上述三类机制，通过设置不同的情境，进行机制检验与异质性分析。

2.5.1.1　高管纵向兼任与集团控制力度

母公司对子公司的控制力是导致国有企业绿色治理投入"任务下沉"效应的一个重要机制。现有研究表明，国有企业母子公司间经常存在的高管纵向关联，是集团公司对控制链条上的关联公司发挥控制作用的重要方式（陈仕华和卢昌崇，2013）。高管纵向关联可能增加控股股东干预的便利性，导致上市公司承担更多的社会目标（潘红波和张哲，2019）。高管在股东单位的纵向关联更可能导致集团公司向控股公司传递绿色治理任务和压力，进而增加绿色治理投入的"任务下沉"效应。为此，我们设置高管纵向关联的虚拟变量（*Cross*），如果公司高管同时在股东单位兼任高管则取1，否则为0。实证结果如表2-9中列（1）和列（2）所示，控制层级与高管纵向关联的交互项（*Layer × Cross*）的系数为正，并且在5%的置信水平上显著，表明当国有企业董事长/总经理存在股东单位的纵向兼任时，绿色治理的"任务下沉"效应随之加强。

2.5.1.2　董事长年龄与晋升动机

考虑到高管年龄总体上与晋升动机可能存在非线性关系，以及董事长作为国有企业"一把手"的重要地位，本研究同时将董事长年龄的自然对数（ChiAge）及其平方项（ChiAge2）作为调节变量纳入模型中，以此考察董事长年龄对国有企业绿色治理投入"任务下沉"的调节效应。实证结果如表 2-9 中列（3）和列（4）所示，控制层级与董事长年龄的交乘项（Layer × ChiAge）的系数为 0.4688 且在 5% 水平上显著，控制层级与董事长年龄的平方的交乘项（Layer × ChiAge2）的系数为 -0.0583 且在 5% 水平上显著，表明董事长年龄对企业绿色治理"任务下沉"存在倒 U 形的调节作用。经计算（U = -b/2a），倒 U 形调节作用的对称轴为 4.0206，即 55.73 岁（$e^{4.0206} \approx$ 55.73）。可见，当董事长年龄在 56 岁以下时，其年龄越高，绿色治理"任务下沉"现象得到加强；当董事长年龄在 56 岁以上时，其年龄越高，绿色治理"任务下沉"现象得到削弱。

2.5.1.3　监管力度的行业异质性

在石油和化工等重污染行业中，国有企业占据着绝对优势地位，也由此成为中央环保政策的主要承担者，并受到更为严格的监管。国家环境保护等相关部门颁布《关于进一步规范重污染行业生产经营公司申请上市或再融资环境保护核查工作的通知》《关于重污染行业生产经营公司 IPO 申请申报文件的通知》等文件，明确要求地方政府相关部门加强对重污染行业企业的环境监管力度（唐国平等，2013）。由此可见，与非重污染行业相比，重污染行业受到的政府的环保约束力度较强，此时国有企业绿色治理投入的"任务下沉"效应也将更为显著。为了验证此假设，本研究设置重污染行业的虚拟变量（Polution），如果企业所处行业为重污染行业则取 1，否则为 0。关于重污染行业的界定，根据《上市公司环保核查行业分类管理名录》和《重点排污单位名录管理规定（试行）》，并参照证监会发布的行业分类，最终将重污染行业归纳为煤炭开采和洗选业，石油和天然气开采业，黑色金属矿采选业，有色金属矿采选业，酒、饮料和精制茶制造业，纺织业，造纸和纸制品业，石油加工、炼焦和核燃料加工业等行业。实证结果如表 2 - 9 中列（5）和列（6）所示。控制层级与重污染行业的交互项（*Layer × Polution*）的系数为正，并且在 5% 的置信水平上显著，表明当国有企业所处行业为重污染行业时，绿色治理投入的"任务下沉"效应更强。

表 2 - 9　　　　　　　　机制检验与异质性分析的回归结果

变量	(1) *Env_inv*	(2) *Env_inv*	(3) *Env_inv*	(4) *Env_inv*	(5) *Env_inv*	(6) *Env_inv*
Layer	0.0014*** (2.92)	0.0014*** (2.96)	0.0013*** (2.74)	0.0013*** (2.60)	0.0014*** (2.86)	0.0009 (1.62)
Cross	-0.0003 (-0.40)	-0.0003 (-0.40)				
Layer × Cross		0.0021** (2.57)				
ChiAge			-0.4339* (-1.96)	-0.4281* (-1.77)		
Layer × ChiAge				0.4688** (2.10)		
ChiAge2			0.0531* (1.90)	0.0523* (1.71)		
Layer × ChiAge2				-0.0583** (-2.06)		
Polution					-0.0024 (-0.65)	-0.0021 (-0.57)
Layer × Polution						0.0021** (2.04)

续表

变量	(1) Env_inv	(2) Env_inv	(3) Env_inv	(4) Env_inv	(5) Env_inv	(6) Env_inv
CG	0.0070 *** (3.43)	0.0070 *** (3.46)	0.0073 *** (3.53)	0.0072 *** (3.47)	0.0069 *** (3.43)	0.0069 *** (3.42)
LG	0.0042 * (1.77)	0.0042 * (1.78)	0.0035 (1.44)	0.0034 (1.38)	0.0042 * (1.75)	0.0044 * (1.83)
Size	0.0008 ** (2.25)	0.0009 ** (2.41)	0.0010 *** (2.79)	0.0010 *** (2.79)	0.0008 ** (2.27)	0.0008 ** (2.18)
Age	−0.0009 (−1.09)	−0.0010 (−1.17)	−0.0010 (−1.15)	−0.0010 (−1.12)	−0.0009 (−0.99)	−0.0008 (−0.88)
ROA	−0.0024 (−1.19)	−0.0025 (−1.20)	−0.0022 (−1.12)	−0.0023 (−1.13)	−0.0025 (−1.19)	−0.0024 (−1.16)
Cash	−0.0007 (−0.13)	−0.0007 (−0.12)	−0.0002 (−0.03)	0.0001 (0.01)	−0.0004 (−0.07)	−0.0005 (−0.09)
Debt	0.0113 *** (4.03)	0.0113 *** (4.03)	0.0107 *** (3.80)	0.0108 *** (3.83)	0.0115 *** (4.16)	0.0119 *** (4.17)
Share	0.0000 (1.46)	0.0000 (1.44)	0.0000 (1.49)	0.0000 (1.59)	0.0000 (1.39)	0.0000 (1.49)
Mshare	−0.0391 ** (−1.97)	−0.0401 ** (−2.01)	−0.0418 ** (−2.08)	−0.0440 ** (−2.16)	−0.0381 * (−1.91)	−0.0373 * (−1.87)
Board	−0.0002 (−0.85)	−0.0002 (−0.94)	−0.0001 (−0.61)	−0.0001 (−0.59)	−0.0002 (−0.79)	−0.0002 (−0.79)
Dual	0.0005 (0.35)	0.0004 (0.32)	0.0002 (0.12)	−0.0000 (−0.00)	0.0005 (0.40)	0.0006 (0.42)
GDP	0.0002 (0.30)	0.0001 (0.15)	0.0003 (0.56)	0.0003 (0.52)	0.0002 (0.29)	0.0002 (0.36)
行业	是	是	是	是	是	是
年份	是	是	是	是	是	是
常数项	−0.0410 *** (−4.56)	−0.0413 *** (−4.59)	0.8388 * (1.91)	0.8289 * (1.73)	−0.0413 *** (−4.56)	−0.0409 *** (−4.48)

变量	(1) Env_inv	(2) Env_inv	(3) Env_inv	(4) Env_inv	(5) Env_inv	(6) Env_inv
样本数	6550	6550	6468	6468	6550	6550
Log likelihood	4913	4916	4827	4831	4913	4916
Left-censored	3707	3707	3669	3669	3707	3707

注：括号内为经过稳健标准误调整后的 t 值；***、**、* 分别表示在 1%、5% 和 10% 的显著性水平上显著。由于董事长年龄数据存在缺失，列（2）、列（3）的样本量发生变化。

2.5.2 绿色治理"任务下沉"与环境绩效

环境目标责任制形成的国企集团中的绿色治理"任务下沉"，一方面强化了环保目标的刚性要求，压实了各层级国有企业的环境任务、确保了环保目标的实现；另一方面也可能导致多任务下的激励扭曲，产生欺上瞒下、"层层注水"等问题（周黎安，2008；赵天航和原珂，2020）。因此，绿色治理"任务下沉"是否能切实提高国有企业的环境绩效，需要进一步讨论。本书进一步借鉴王馨和王营（2021）的研究，使用上市公司获取的绿色专利数量的自然对数衡量环境绩效，考察国有企业绿色治理"任务下沉"对环境绩效的影响。具体而言，本研究分别考察了国有企业控制层级对企业获取的绿色专利总体水平（lngreen1）、发明专利数（lngreen2）、实用新型专利数（lngreen3）的影响，实证结果如表 2 - 10 中列（1）~列（6）所示。回归结果表明，国有企业控制层级（Layer）在 10% 的显著性水平上提高了企业的绿色专利总数（lngreen1），绿色治理投入（Env_inv）在其中发挥中介作用；控制层级对绿色发明专利数（lngreen2）的作用不显著，但是在 5% 的显著性水平上提高了企业的绿色实用新型专利数（lngreen3）。实用新型专利具有产出数量高、研发速度快和承担风险低等特点，发明专利则与之相反；前者更多是为了获得合法性、以谋求其他利益，而后者则更多是为了推动企业技术进步和获取竞争优势（黎文靖等，2016；王馨等，2021）。以上结果表明，绿色治理"任务下沉"能够在总体上提高企业的绿色治理绩效，但也引发了一定程度的"漂绿"问题，即更多体现在相对象征性的绿色实用新型专利方面，而非更为实质性的绿色发明专利。

表 2 – 10　　　　　绿色治理"任务下沉"与环境绩效的回归结果

变量	(1) lngreen1	(2) lngreen1	(3) lngreen2	(4) lngreen2	(5) lngreen3	(6) lngreen3
Layer	0.0705 * (1.75)	0.0656 (1.63)	0.0513 (0.98)	0.0501 (0.96)	0.0971 ** (2.14)	0.0900 ** (1.99)
Env_inv		4.2873 ** (2.52)		1.0539 (0.44)		5.0340 *** (3.00)
CG	0.6698 *** (3.73)	0.6440 *** (3.58)	0.2812 (1.21)	0.2751 (1.18)	0.8293 *** (4.32)	0.7963 *** (4.14)
LG	0.3831 * (1.76)	0.3865 * (1.78)	0.3891 (1.38)	0.3912 (1.38)	0.3455 (1.49)	0.3449 (1.49)
Size	1.0709 *** (27.25)	1.0737 *** (27.21)	1.0659 *** (19.57)	1.0668 *** (19.55)	1.0454 *** (26.92)	1.0488 *** (26.84)
Age	– 0.1690 ** (– 2.18)	– 0.1654 ** (– 2.14)	– 0.2542 *** (– 2.60)	– 0.2532 *** (– 2.60)	– 0.1097 (– 1.34)	– 0.1051 (– 1.29)
ROA	– 0.2078 (– 0.30)	– 0.2575 (– 0.39)	– 0.7020 * (– 1.81)	– 0.7093 * (– 1.86)	0.2824 (0.63)	0.2473 (0.45)
Cash	– 0.2643 (– 0.39)	– 0.2309 (– 0.34)	0.0528 (0.06)	0.0610 (0.07)	– 0.9160 (– 1.29)	– 0.8786 (– 1.22)
Debt	– 1.4309 *** (– 5.42)	– 1.4663 *** (– 5.54)	– 1.3692 *** (– 4.13)	– 1.3761 *** (– 4.14)	– 1.5081 *** (– 5.48)	– 1.5520 *** (– 5.56)
Share	– 0.0010 (– 0.34)	– 0.0009 (– 0.31)	0.0017 (0.43)	0.0017 (0.43)	0.0008 (0.25)	0.0009 (0.30)
Mshare	– 5.7280 ** (– 2.50)	– 5.6995 ** (– 2.51)	– 10.2758 *** (– 3.38)	– 10.2508 *** (– 3.38)	– 4.9894 * (– 1.93)	– 4.9682 * (– 1.94)

变量	(1) lngreen1	(2) lngreen1	(3) lngreen2	(4) lngreen2	(5) lngreen3	(6) lngreen3
Board	0.0511 *** (2.63)	0.0522 *** (2.69)	0.0670 *** (2.73)	0.0672 *** (2.73)	0.0358 * (1.78)	0.0373 * (1.86)
Dual	−0.3556 ** (−2.35)	−0.3695 ** (−2.44)	−0.3538 * (−1.76)	−0.3570 * (−1.78)	−0.3318 ** (−2.04)	−0.3490 ** (−2.14)
GDP	0.1220 * (1.90)	0.1179 * (1.84)	0.2615 *** (2.96)	0.2603 *** (2.95)	0.0156 (0.23)	0.0110 (0.16)
行业	是	是	是	是	是	是
年份	是	是	是	是	是	是
常数项	−27.4967 *** (−24.96)	−27.5150 *** (−24.98)	−29.0573 *** (−18.85)	−29.0647 *** (−18.86)	−26.9947 *** (−22.91)	−27.0171 *** (−22.94)
样本数	6550	6550	6550	6550	6550	6550
Log likelihood	−3471	−3469	−2288	−2288	−2708	−2706
Left-censored	5459	5459	5901	5901	5717	5717

注: 括号内为经过稳健标准误调整后的 t 值; ***、**、* 分别表示在 1%、5% 和 10% 的显著性水平上显著。

2.6　研究结论与政策建议

中共二十大报告提出的中国式现代化是人与自然和谐共生的现代化, 为推动我国的绿色发展指明了方向。自"十一五"规划以来, 中央政府坚持可持续发展, 实施目标责任制, 中国的环境绩效持续改善。因此, 解释中国环境绩效改善之谜需要从中国特殊的制度背景出发, 结合中央政府、地方政府和国有企业的关系深入探讨。本研究以三者关系中的底层主体——国有企业为出发点, 以国有企业控制层级为切入点, 检验国有企业绿色治理是否存在"任务下沉"现象,"任务下沉"的机制以及影响后果。研究发现, 国有企业绿色治理存在"任务下沉",即绿色治理投入随着控制层级的增加而增多;并且当中央政府环保政策强化以及地方政府环保响应加强时,国有企业绿色治理的"任务下沉"效应更为显著。机制检验和异质性分析发现,当国有企业高管存在纵向关联、董事长在 56 岁以下时年龄越高,以及企业处于重污染行业时,绿色治理的"任务下沉"效应更强,即表明"任务下沉"的作用机制包括上级公司的控制力度、高管的晋升动机和政府监督三个方面。进一步分析发现:国有企业绿色治理的"任务下沉"能够提高企业总体和表面上的环境绩效,但却不利于企业实质性环境绩效的提升,即存在一定程度的"漂绿"现象。

本研究集中体现了我国"任务下沉"现象对绿色治理重要而显著的影响,不仅在理论上补充了目标责任制和晋升锦标赛的理论框架,更重要的是为"十一五"规划以来我国环境绩效的改善提供了新的理论解释。本研究的政策意义在于,中国绿色治理是中央政府、地方政府和国有企业三者协同作用的结果,由此绿色治理绩效改善与提升取决于国有企业"任务下沉"、中央政府环保政策强化以及地方政府环保效应加强。因此,相比单纯地改善"央地"关系而言,深化环保目标责任制改革,激发底层国有企业环保动机对于我国环境绩效进一步提升更为重要和迫切。从底层逻辑讲,一个可行举措是进一步完善环保政策和法律法规体系,提高环保绩效激励和考核的科学性,在激励和考核国企高管时,从重视环保绩效的"量"转向重视环保绩效的"量质齐飞",探索高质量的可持续发展机制。

第 3 章

多个大股东与企业绿色治理

作为企业绿色治理的主要贡献者，国有企业的发展任务被赋予更高的要求，不仅需要完成企业自身的经营目标，更需要在践行绿色治理方面发挥引领作用。那么，除政府推动外，国有企业是否存在其他的绿色治理机制？在混合所有制改革的背景下，多个大股东的股权结构能否助力国有企业提升绿色治理水平值得关注。本章主要基于沪深 A 股国有重污染上市公司数据，理论分析并实证检验多个大股东对国有企业绿色治理的影响，以及政府环境规制在二者关系中的调节效应。

3.1 问题的提出

在我国提出 2030 年实现碳达峰以及 2060 年

之前实现碳中和的目标下，企业绿色治理问题愈加受到中央政府的高度重视。在石油和化工等重污染行业中，国有企业占据着绝对优势地位，也由此成为中央环保政策的主要承担者。在此背景下，国有企业的发展任务被赋予更高的要求，不仅需要完成企业自身的经营目标，更需要在践行绿色治理方面发挥引领作用。现有研究一般认为，国有企业的绿色治理水平应当高于非国有企业，主要是由于：一是在行政型治理模式下，国有企业在绿色治理行为上更多考虑政府的诉求（李维安等，2010；李建标等，2016；Luo et al.，2017；Wang et al.，2018）；二是环境规制方面，国有企业作为执行政府政策的"模范生"，需要更加严格遵循政府的环境政策，承担环境责任（Ma and Liang，2018；李青原和肖泽华，2020）。无论是来自内部政府股东的行政任务，还是来自外部的环境规制压力，两类观点均表明国有企业的绿色治理更多依靠政府。

然而，国有企业的绿色治理水平是否一定高于非国有企业？除政府推动外，国有企业是否存在其他的绿色治理机制？根据本研究统计，国有企业的环保投资并未表现出对非国有企业的领先优势。如图 3－1 所示，中共十八大以来重污染行业国有上市公司的环保投资水平并非每年都领先于非国有公司。非国有企业与国有企业相似的环保投资也表明，虽然二者在追求绿色治理的原因上存在差异，例如，民营股东更加侧重通过绿色治理来迎合利益相关者，取得长期发展优势（马骏等，2020），而国有股东则是通过企业环保投资来实现行政目标（王红建等，2017），但从二者的环境行为与治理结果来看，却不存在明显的差异。

经过多年的公司治理改革，国有企业逐渐由行政型治理向经济型治理模式转型，市场化机制不断导入（李维安等，2021），混合所有制改革是其中一项重要手段。经过混合所有制改革，非国有资本进入国有企业内部，形成了更加完善的股东治理结构。受此影响，多个大股东的股权结构已经成为混合所有制改革企业特别是国有控股上市公司的一项典型治理特征。与之相对

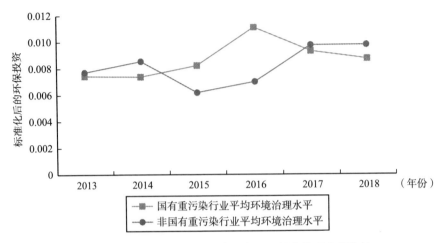

图 3-1　国有和非国有重污染上市公司绿色治理水平比较

资料来源：根据上市公司年报数据整理。

应，多个大股东的治理作用也越发凸显，这将成为国有企业中除政府以外推动企业绿色治理水平提升的关键因素。已有研究主要从全部上市公司的层面，探讨了多个大股东的公司治理效果。研究认为，一方面多个大股东可能与控股股东"同心同德"，在主要股东之间形成竞争、制衡关系，既可避免大股东一股独大的监督过度和决策失误，又能够对经理人形成有效制约（郑志刚，2019），是促进企业缓解代理问题的有效机制（王美英等，2020）；而另一方面，多个大股东可能与控股股东或高管"合谋"，共同侵占中小投资者利益，从而恶化代理问题（Maury and Pajuste，2005；Cheng et al.，2013；魏明海等，2013）。然而，多个大股东的治理作用在国有企业，特别是绿色治理情境中，可能与上述观点存在明显的差异。其一，与非国有企业相比，国有企业面临更严格的监管以及更强的社会监督（李培功和沈艺峰，2013），造成国有企业控股股东攫取私有收益的动机较弱（Jiang et al.，2010），大股东与其他大股东及高管合谋的可能性较低（罗宏和黄婉，2020）。其二，在绿色治理情境下，绿色治理水平的提升有利于平衡企业与利益相关者的关系、获取更高的声誉与合法性、有利于企业长期发展，对不同类型股东而言，绿色治理更具利益相容性。因此，在国有企业绿色治理中，多个大股东之间第二类代理问题相对次要，多个大股东更多体现为合作监督效应，从而逐步替代在绿色治理中单一的政府作用，提升企业的绿色治理水平。

基于此，本研究首先从多个大股东这一重要的公司治理机制入手，理论分析并实证检验多个大股东对国有企业绿色治理的影响。结果表明，多个大股东与国有股东开展合作形成共同治理机制能够降低代理成本，从而促进国有企业提高绿色治理水平。其次，本研究检验了政府环境规制对多个大股东与国有企业绿色治理二者关系的调节效应，发现多个大股东对国有企业的绿色治理效应随着企业所在区域环境规制水平的降低而增加，表明多个大股东的合作监督效应在一定程度上可以替代政府环境规制发挥积极的绿色治理效果。进一步研究发现，当多个大股东力量更强时，多个大股东对国有企业的绿色治理效应更为显著；外部环境方面，当公司处于经济型治理环境时，多个大股东的绿色治理效果更为显著；内部环境方面，当公司董事会独立性较强时，多个大股东对国有企业的绿色治理效应更强。

本章的主要贡献有：第一，现有国有企业绿色治理研究主要从政府股东或环境规制的角度，探讨了政府如何通过内、外部的行政型治理机制提升国有企业的绿色治理水平（Ma and Liang, 2018）。而随着国有企业的市场化转型，需要更多考察经济型治理机制所产生的绿色治理推动作用。本研究发现，多个大股东的治理结构能够形成合作监督效应，逐步替代传统的依靠政府压力的绿色治理方式，提升其绿色治理水平。这有助于扩展关于转型背景下的国有企业绿色治理研究。第二，现有研究主要探讨了多个大股东的治理作用，并提出了"制衡""合谋"等不同机制，但是鲜有研究专门探讨国有企业中多个大股东的治理效果，更是几乎没有文献探讨国有企业多个大股东的绿色治理效果以及多个大股东治理与政府环境规制的关系。本研究发现在国有企业的绿色治理问题中，多个大股东通过合作监督机制能够提升国有企业的绿色治理水平。这对多个大股东的治理作用研究进行了有益的补充。第三，本研究进一步拓展了多个大股东影响国有企业绿色治理效果的作用边界。本研究从多个大股东力量、外部治理环境和董事会独立性三个角度检验了多个大股东与国有企业绿色治理关系的异质性，研究发现，在多个大股东力量更强、公司处于经济型治理环境、公司董事会独立性较强的情境下，多个大股东的绿色治理效应更强，表明多个大股东治理效应的更好发挥需要以内外部经济型治理水平的提升作为基础。

3.2 制度背景、理论分析与研究假设

与东欧国家的私有化改革及其相应的治理问题（如俄罗斯的"寡头控制"、其他东欧国家的"内部人控制"等）不同，中国国有企业改革遵循的一条主线是由行政型治理向经济型治理转型（李维安和邱艾超，2010）。新中国成立以来，中国国有企业治理模式从以往的企业所有权和经营权高度统合，各级政府部门直接监管企业运营的政企合一式行政型治理，逐步向所有权与经营权分离，在现代企业制度的法人治理结构下外部通过资本市场、产品市场、经理人市场和法律法规，内部通过股东会、董事会和高管层等机构对企业实施治理的经济型治理方向过渡。2013 年 11 月，中共十八届三中全会通过了《中共中央关于全面深化改革若干重大问题的决定》，提出"推动国有企业完善现代企业制度"，标志着经济型治理机制和规则的进一步完善。特别是随着混合所有制改革的不断深入，国有企业的产权逐渐融合，多个大股东的治理结构成为典型特征。

从正式制度的视角来看，国有企业是国民经济的重要组成部分，国有企业本身的性质和目标决定了承担环境责任是其与生俱来的重要职责。从非正式制度的视角来看，相比非国有企业，国有企业面临更多的公众关注，对国

企高管而言，企业形象通过影响自身形象进而影响升迁；国有企业也受到更强的社会监督，关于环境污染等负面信息的报道更容易受到媒体的关注，从而给国有企业带来较强的舆论压力。所以国有企业大股东会更加主动也更加愿意要求企业履行环境责任。但绿色治理不同于其他经济项目，直接创造经济收入比较困难，而且还要求企业在环境保护设施和无害环境技术上投入大量资金。由于企业资金有限，当将一部分资金投入到绿色治理上时，其他生产型投资必然会受到影响（Gray and Shadbegian，2003），这将导致企业的盈利能力下降。因此，多个大股东的股权结构会对企业绿色治理产生影响，但同时也受到其他情境因素的影响。

多个大股东的治理结构，其绿色治理效果主要体现在以下几个方面。第一，单一股东结构下国有企业行政型治理特征占主导，政府在企业绿色治理中发挥关键作用，造成国有企业的环境违规成本更低，这容易造成国有企业为了追求经济利润减少环保投资，也可能被动回应中央政府的绿色发展要求而象征性进行污染防治。与之相反，多个大股东股权结构下国有企业经济型治理特征占主导，这将弱化国有企业在绿色治理方面的"寻租"行为。并且，根据利益相关者理论，企业行为应该满足众多利益相关者的需求，当公司中有其他大股东时，特别是当他们代表环境投资者或道德投资者的利益时，他们会要求公司承担更多的环境投资、慈善捐赠和社会养老金服务（Ullmann，1985）。第二，多个大股东股权结构将通过重塑国有企业管理者的激励相容机制促进企业提高绿色治理水平。与非国有企业相比，国有企业受到更严格的政府以及社会监督（李培功和沈艺峰，2013），造成国有企业控股股东攫取私有收益的动机较弱（Jiang et al.，2010），这时的代理问题主要体现为高管的机会主义。行政型治理模式下国有企业核心高管的人事任免行政化扭曲了管理者的激励约束机制（Xu and Zhang，2008），国有企业管理者更关注短期绩效（郑志刚等，2012），容易出现经济报酬和政治晋升两头占的动机，结果是环境责任和经济责任往往是相机卸责。在多个大股东的股权结构下，大股东对管理层的监督动机和监督能力增强，为了国有企业的长远发展，管理层更可能选择增加企业环保投资。

基于以上分析，可以认为，无论是从弱化政府行政干预角度，还是从增强管理层激励约束角度考虑，与仅存在单一大股东的情况相比，当国有企业存在多个大股东时，国企更愿意将更多资金投入到承担企业环境责任上。基于此，本研究提出如下假设：

H3 - 1：相对于单一大股东，当国有企业存在多个大股东时，企业绿色治理水平更高。

环境规制主要通过控制型命令，依托法律法规、技术标准、排污费、环保税等形式强制企业分配资源进行节能减排，实现环境保护的目的。面临严格的环境规制，企业不仅要实现利润最大化的目标，更要履行实现环境保护的目标（陈艳莹等，2020）。在一个制度完善的经济体中，政府对于企业绿色治理的主要影响来源于法律法规和监管条例等正式机制（林润辉等，2015），但是在中国这样一个处于转型期的经济体中，环境业绩传递的利好信号的市场环境并未形成，公司治理机制就成为必要的补充。当一个地区配置更多的预算、人员和设备去监管当地企业的环境合规性时，迫于监管压力，企业将更好地履行环境保护职责。当企业所在区域的环境监管力度较大时，无论是公司治理机制好还是公司治理机制较差的企业都将面临相同的环境监管压力。

环境规制较弱时，国有企业管理层在绿色治理方面的机会主义行为相对较强。如前文所述，一方面，企业绿色治理属于隐性成本，其投资大、周期长；另一方面，国有企业高管的行政型治理特征决定了其更加关注短期绩效（郑志刚等，2012）。多个大股东的股权结构能通过监督与制衡能够有效抑制管理层短视行为，确保国有企业管理者切实履行企业的绿色治理责任。即当企业所在区域的环境规制压力较小时，公司治理机制较强的企业将补充环境监管压力较弱的影响。因此，可以认为，当地区环境规制较强时，是政府对国有企业绿色治理施加影响。而当地区环境规制较弱时，多个大股东这种治理机制能够补充政府环境规制的影响，促进国有企业提升绿色治理水平。

基于此，本研究提出如下假设：

H3－2：国有企业所在区域环境规制越弱，多个大股东对国企绿色治理的促进作用越强。

3.3 研 究 设 计

3.3.1 样本选取与数据来源

综合考虑重污染行业的代表性，本研究选取中国 2013～2018 年沪深两市 A 股国有上市的重污染企业为初始样本。之所以从 2013 年作为起始年份，一方面是由于中共十八届三中全会明确提出要积极发展混合所有制经济开始，混合所有制改革已然成为现阶段国有企业改革的重要突破口，混合所有制改革的大力推行为多个大股东进入国有上市公司提供了可能；另一方面，中共十八大以后，中央政府开始启动新一轮的改革开放，生态环境保护工作被提上重要的议事日程，重污染行业的绿色治理问题受到更多关注。

关于重污染行业的界定，根据《上市公司环保核查行业分类管理名录》和《重点排污单位名录管理规定（试行）》，并参照证监会发布的行业分类，最终将重污染行业归纳为煤炭开采和洗选业、石油和天然气开采业、黑色金属矿采选业、有色金属矿采选业、酒、饮料和精制茶制造业、纺织业、造纸和纸制品业、石油加工、炼焦和核燃料加工业等 19 个行业。

在中国，存在一定比例上市公司的股东通过产权关联、亲缘关联、任职关联或签订"一致行动人协议"等形式持有股份，在行使表决权时会行动一致以维护自身的权益（魏明海等，2013）。鉴于此，本研究把作为一致行动人关系、亲属关系与控股关系的股东的持股比例加总合计为一个股东。

根据研究需要，本研究对数据进行如下筛选：①剔除了 ST 的样本公司；②剔除资产负债率大于 1 的样本；③剔除第一大股东持股比例小于 10% 的样本公司即不存在大股东的样本；④剔除某些变量缺失的样本；⑤剔除公司交叉上市的样本。最终得到 323 家用于研究的上市公司，1716 个样本观测值。企业环保投资额来源于上市公司年报中的在建工程和管理费用科目，手工收集并整理了企业环境资本支出和排污费等数据；解释变量和控制变量的数据均来源于国泰安（CSMAR）数据库。为了消除极端值的影响，本研究对所有连续变量处于 0 ~ 1% 和 99% ~ 100% 之间的极端值样本进行缩尾（Winsorize）处理。

3.3.2　主要变量定义

3.3.2.1　被解释变量：绿色治理

本研究借鉴帕滕（Patten，2005）、胡珺等（2017）和张琦等（2019）的做法，用企业当年的环境资本支出作为企业绿色治理的代理变量。本研究将国有重污染行业上市公司年报在建工程科目中，与环境保护直接相关的项目支出进行加总，得到企业当年资本化环保投资增加额数据。考虑到企业规模对环保投资额的影响，本研究采用企业年末总资产对企业当年的资本化环保投资标准化后的数据（$Epi1$）作为全文的主要解释变量。

3.3.2.2　解释变量：多个大股东

莫里和帕尤斯蒂（Maury and Pajuste，2005）以及阿提格等（Attig et al.，2008）把大股东定义为持股比例超过 10%。依据《中华人民共和国公司法》，单独或合计持股比例超过 10% 的股东，有权要求董事会自行召开或者临时召开会议。同时，当股东持有公司股份超过 10%，可以通过委派至少一名董事或经理参与公司的经营管理。基于此，这里把持股比例超过 10% 的股东定义为大股东。与此同时，本研究手工翻阅上市公司年报中股东和实际控制人的情况等信息，来确定股东的一致行动人等关系，通过合并一致行动人，如果公司存在两个及以上持股比例超过 10% 的大股东，本研究将其界定为"多个大股东"，*Multi* 取值为 1。在稳健性检验部分，本研究进一步采用持股比例为 5% 和 20% 的大股东界定标准重新进行检验，以考察研究结论的稳健性。

3.3.2.3 调节变量：政府环境规制

相对于国家层级的环境立法，地方层级的环境法规和政府环境规章能够有针对性地对企业产生直接影响，是我国环境法律体系的关键组成部分。因此，本研究利用中国各省份颁布的关于环境法制的地方性法规与政府规章数在时间和空间维度上的变化来考察政府环境规制对于多个大股东与企业环保投资的调节作用。借鉴王云等（2017）的研究，收集并整理《中国环境年鉴》中各地方累计颁布的环境法规数（Gov1）和环境规章数（Gov2）作为政府环境规制的代理变量。

3.3.2.4 控制变量

参考胡珺等（2017）、马文超和唐勇军（2018）、沈宇峰和徐晓东（2019）等关于企业环保投资的研究，本研究控制了以下变量：资产报酬率（Roa）、财务杠杆（Lev）、公司成长性（Growth）、现金持有量（Cash）、公司规模（Size）、公司年龄（Age）、董事会规模（Board）、独立董事比例（Id）、两职兼任（Duality）。各变量的定义详见表 3-1。此外，考虑到上市公司环保投资可能会受到宏观经济状况和行业因素的影响，本研究还控制了年度效应和行业效应。

表3-1   变量定义

变量符号	变量名称	具体计算方法
$Epi1$	企业绿色治理	公司资本化环保投资额与期末总资产的比值×100
$Multi$	多个大股东	合并一致行动人后，当公司有两个或两个以上的股东持股超过10%时，$Multi$ 取值为1，否则为0
$Gov1$	政府环境规制1	各地方累计颁布的环境法规数
$Gov2$	政府环境规制2	各地方累计颁布的政府规章数
Roa	资产报酬率	公司的总资产收益率
Lev	财务杠杆	公司的资产负债率
$Growth$	公司成长性	公司的营业收入增长率
$Cash$	现金持有量	公司年末货币资金金额与平均总资产的比值
$Size$	公司规模	公司总资产的自然对数
Age	公司年龄	公司已上市年限加1的自然对数
$Board$	董事会规模	公司董事会的人数
Id	独立董事比例	公司独立董事人数占董事会总人数的比例
$Duality$	两职兼任	公司董事长是否兼任总经理，兼任取1，否则取0

3.3.3 模型设定

为了验证国有企业多个大股东与企业绿色治理之间的关系，构建模型 （3-1）：

$$Epi = \alpha_0 + \alpha_1 Multi + \alpha_2 Roa + \alpha_3 Lev + \alpha_4 Growth + \alpha_5 Cash + \alpha_6 Size + \alpha_7 Age$$
$$+ \alpha_8 Board + \alpha_9 Id + \alpha_{10} Duality + \alpha_{11} \sum Industry + \alpha_{12} \sum Year + \varepsilon$$

$$（3-1）$$

其中，Epi 代表企业绿色治理，由期末总资产标准化的企业环保投资（$Epi1$）来测度；$Multi$ 为多个大股东哑变量，若公司存在两个或两个以上持股比例超过10%的大股东，赋值为1，否则为0。年度虚拟变量控制了各年宏观政策的差异影响。本研究涉及 6 年的公司数据，共 5 个年度虚拟变量。行业按证监会上市公司行业分类指引分类二级代码分类，共分为 19 个行业分组，18个行业虚拟变量。

为了验证政府环境规制在国有企业多个大股东与企业绿色治理之间的关系中的作用，构建模型（3 - 2）：

$$Epi = \alpha_0 + \alpha_1 Multi + \alpha_2 Interact + \alpha_3 Roa + \alpha_4 Lev + \alpha_5 Growth + \alpha_6 Cash$$
$$+ \alpha_7 Size + \alpha_8 Age + \alpha_9 Board + \alpha_{10} Id + \alpha_{11} Duality + \alpha_{12} \sum Industry$$
$$+ \alpha_{13} \sum Year + \varepsilon \qquad (3-2)$$

其中，$Interact$ 为政府环境规制（$Gov1/Gov2$）与多个大股东（$Mutti$）的交互项。

3.3.4 描述性统计

主要变量的描述性统计结果如表 3 - 2 所示。企业绿色治理（$Epi1$）的均值为 0. 329，说明每年的环保投资额占公司期末总资产的比例约为 0. 33%。企业绿色治理（$Epi1$）的中位数为 0. 000，远低于均值，说明大多数样本公司的环保投资额还没有达到平均水平，进一步说明国有重污染行业上市公司环保投资水平较低。此外，环保投资的标准差较大，最大值和最小值差异也较大，表明样本公司的环保投资行为存在显著的个体差异。多个大股东的平均值 0. 221，表明国有上市重污染公司中有 22. 1% 的公司存在多个大股东的股权结构。

表 3 - 2　　　　　　　　　　主要变量描述性统计

变量	观测值	均值	标准差	最小值	中位数	最大值
$Epi1$	1716	0. 329	0. 815	0. 000	0. 000	5. 170
$Multi$	1716	0. 221	0. 415	0. 000	0. 000	1. 000
$Gov1$	1716	8. 837	7. 711	0. 000	6. 000	48. 000

变量	观测值	均值	标准差	最小值	中位数	最大值
Gov2	1716	7.627	7.296	0.000	5.000	28.000
Roa	1716	0.036	0.050	−0.107	0.026	0.204
Lev	1716	0.484	0.196	0.078	0.495	0.876
Growth	1716	0.109	0.334	−0.399	0.056	2.354
Cash	1716	0.124	0.101	0.008	0.097	0.501
Size	1716	22.894	1.362	20.292	22.747	26.365
Age	1716	2.915	0.237	2.079	2.944	3.367
Board	1716	9.344	1.845	6.000	9.000	15.000
Id	1716	0.365	0.050	0.300	0.333	0.571
Duality	1716	0.101	0.301	0.000	0.000	1.000

3.4　实证结果与分析

3.4.1　基本检验：多个大股东对国有企业绿色治理的影响

本研究采用模型（3-1）检验多个大股东对国有企业绿色治理的影响，回归结果如表3-3所示。其中，列（1）单独考察了多个大股东（*Multi*）这一解释变量，结果显示，多个大股东的系数在5%的水平上显著为正，这说明国有企业存在多个大股东时，多个大股东能形成合作监督效应，提高企业绿色治理水平。列（2）加入了公司特征与地区特征的控制变量，结果同样显示多个大股东与国有企业绿色治理水平的关系显著为正。列（3）在上述的基础上加入了公司治理变量，结果依然表明，多个大股东与国有企业绿色治理显著正相关，并且在考虑了影响企业绿色治理的其他因素后，多个大股东对国有企业绿色治理的影响更加明显。

表 3－3 多个大股东与企业绿色治理：基本检验

变量	(1) Epi1	(2) Epi1	(3) Epi1
Multi	0.133 ** (2.293)	0.141 ** (2.400)	0.145 ** (2.488)
Roa		0.775 * (1.869)	0.637 (1.528)
Lev		0.465 ** (2.576)	0.440 ** (2.442)
Growth		－0.080 * (－1.815)	－0.090 ** (－2.026)
Cash		－0.099 (－0.521)	－0.020 (－0.104)
Size		－0.065 *** (－2.624)	－0.048 * (－1.852)
Age		0.018 (0.229)	0.042 (0.537)
Board			－0.017 * (－1.734)
Id			－1.560 *** (－4.868)
Duality			0.048 (0.798)
常数项	0.063 (1.338)	1.289 ** (2.382)	1.550 *** (2.862)
Industry	控制	控制	控制
Year	控制	控制	控制
样本数	1716	1716	1716
R^2	0.079	0.088	0.096

注：***、**、*分别表示在1%、5%和10%水平上显著；括号内为 t 值。标准误差经过公司层面 Cluster 调整。下表同。

控制变量中,资产负债率(*Lev*)与企业绿色治理水平显著正相关,这与马文超和唐勇军(2018)的研究结果相符,即企业绿色治理投入会随杠杆效应的增强而增加。公司规模(*Size*)与绿色治理水平显著负相关,这与沈宇峰和徐晓东(2019)的研究类似,说明国有企业的规模大小在一定程度上约束了企业绿色治理投入。

3.4.2 政府环境规制、多个大股东与国有企业绿色治理

本研究采用模型(3 - 2)检验政府环境规制在多个大股东影响国有企业绿色治理中的调节效应。列(1)和列(2)分别表示政府环境规制是环境法规和政府规章的结果。由列(1)和列(2)结果可知,多个大股东(*Multi*)的系数分别在1%和5%的水平上显著为正,政府环境规制与多个大股东交乘项(*Interact*)的系数在5%和10%的水平上显著为负,表明政府环境规制对多个大股东与国有企业绿色治理的作用起到负向调节效应,即与政府环境规制较强区域的企业相比,多个大股东对政府环境规制较弱区域国有企业绿色治理的促进作用更为显著,见表3 - 4。

表3 - 4　　　　政府环境规制、多个大股东与企业绿色治理

变量	(1) *Epi*1	(2) *Epi*1
Multi	0.172 *** (2.785)	0.154 ** (2.525)
*Gov*1	-0.001 (-0.162)	
*Gov*2		0.004 (1.025)

续表

变量	(1) Epi1	(2) Epi1
Interact	− 0.013 ** (− 2.079)	− 0.013 * (− 1.679)
Roa	0.579 (1.393)	0.637 (1.526)
Lev	0.433 ** (2.419)	0.426 ** (2.356)
Growth	− 0.091 ** (− 2.050)	− 0.090 ** (− 2.034)
Cash	− 0.026 (− 0.137)	− 0.059 (− 0.310)
Size	− 0.046 * (− 1.809)	− 0.046 * (− 1.772)
Age	0.040 (0.507)	0.040 (0.502)
Board	− 0.019 * (− 1.937)	− 0.017 * (− 1.733)
Id	− 1.566 *** (− 4.894)	− 1.584 *** (− 4.948)
Duality	0.045 (0.747)	0.053 (0.873)
常数项	1.531 *** (2.843)	1.525 *** (2.771)
Industry	控制	控制
Year	控制	控制
样本数	1716	1716
R^2	0.100	0.098

3.4.3 稳健性检验

股权结构与国有企业绿色治理水平之间可能存在内生性关系。原因在于：股权结构与企业特征之间的因果关系难以辨识，即其他大股东也会进入绿色治理水平较高的企业；某些遗漏变量可能同时决定了公司股权结构的类型和企业绿色治理的水平。鉴于此，本研究分别采用倾向得分匹配法（PSM）、Heckman 两阶段模型检验来控制内生性问题的影响。

3.4.3.1 倾向得分匹配法（PSM）

参考本－纳斯尔等（Ben-Nasr et al.，2015）和姜付秀等（2017）的做法，本研究采用倾向评分匹配法进行样本配对，以此解决遗漏变量的内生性问题。具体地，本研究采用倾向得分匹配法中无放回的最邻近匹配法，按照 1∶1 的比例进行样本配对，在第一阶段是否存在多个大股东的概率估计中，本研究以公司规模、公司年龄、经营现金流、公司成长性及年度和所处行业等已有研究中认为的会影响公司出现大股东的因素（Faccio et al.，2011）为自变量对配对样本的平衡性进行检验。结果表明，多个大股东并存的公司和单一大股东的公司在公司特征等方面基本无统计上的显著差异。接着，在配对样本的基础上，本研究采用模型（3－1）重新进行实证检验，回归结果如表 3－5 中列（1）所示。可以看出，在控制可能内生性的情况下，多个大股东的公司会提升国有企业的绿色治理水平这一结论依然成立。

3.4.3.2 Heckman 两阶段模型检验

本研究采用 Heckman 两阶段模型来缓解样本自选择问题。鉴于 Heckman 两阶段检验方法要求第一阶段模型中至少有一个外生工具变量，本研究借鉴本－纳斯尔等（Ben-Nasr et al.，2015）、朱冰等（2018）和王美英等（2020）

表 3 – 5   多个大股东与国有企业绿色治理：内生性控制

变量	PSM	Heckman 第一阶段	Heckman 第二阶段	Gov1 的 Heckman 检验	Gov2 的 Heckman 检验
	（1）Epi1	（2）Multi	（3）Epi1	（4）Epi1	（5）Epi1
Multi	0.186 ** (2.353)		0.146 ** (2.493)	0.173 *** (2.791)	0.154 ** (2.531)
Gov1				− 0.001 (− 0.177)	
Gov2					0.004 (1.034)
Interact				− 0.013 ** (− 2.078)	− 0.013 * (− 1.678)
Roa	0.656 (0.888)	0.903 (1.058)	0.637 (1.526)	0.578 (1.391)	0.637 (1.524)
Lev	0.007 (0.021)	− 0.094 (− 0.385)	0.440 ** (2.441)	0.432 ** (2.417)	0.426 ** (2.355)
Growth	− 0.060 (− 0.747)	0.020 (0.182)	− 0.090 ** (− 2.029)	− 0.091 ** (− 2.054)	− 0.090 ** (− 2.036)
Cash	− 0.115 (− 0.292)	− 0.786 * (− 1.709)	− 0.021 (− 0.109)	− 0.027 (− 0.145)	− 0.060 (− 0.314)
Size	− 0.004 (− 0.072)	0.199 *** (5.740)	− 0.048 * (− 1.852)	− 0.046 * (− 1.810)	− 0.046 * (− 1.772)
Age	0.373 ** (2.399)	− 0.210 (− 1.227)	0.042 (0.534)	0.040 (0.503)	0.039 (0.500)
Board	− 0.041 ** (− 2.203)	0.014 (0.729)	− 0.017 * (− 1.731)	− 0.019 * (− 1.933)	− 0.017 * (− 1.729)
Id	− 2.754 *** (− 4.341)	0.195 (0.267)	− 1.560 *** (− 4.867)	− 1.566 *** (− 4.893)	− 1.584 *** (− 4.946)
Duality	0.005 (0.039)	− 0.193 * (− 1.666)	0.049 (0.808)	0.046 (0.762)	0.054 (0.884)

续表

变量	PSM	Heckman 第一阶段	Heckman 第二阶段	Gov1 的 Heckman 检验	Gov2 的 Heckman 检验
	(1) Epi1	(2) Multi	(3) Epi1	(4) Epi1	(5) Epi1
IV		1.677 * (1.782)			
Lambda			−0.006 (−0.233)	−0.008 (−0.323)	−0.006 (−0.237)
常数项	0.497 (0.503)	−5.827 *** (−6.349)	1.551 *** (2.861)	1.533 *** (2.842)	1.526 *** (2.770)
Industry	控制	控制	控制	控制	控制
Year	控制	控制	控制	控制	控制
样本数	610	1780	1716	1716	1716
R^2	0.114	0.094	0.096	0.100	0.098

的研究方法，采用上年度同行业多个大股东公司类型所占比例作为工具变量。可理解为同行业上年度的平均股权结构能够影响企业的股权结构，但对企业的绿色治理行为不构成直接影响。在第一阶段，以主检验模型（3-1）中的所有控制变量为解释变量，被解释变量为多个大股东的哑变量，估计多个大股东股权结构设置的决定因素，并在此基础上计算逆米尔斯比率（Lambda）。表3-5中列（2）和列（3）报告了 Heckman 两阶段回归结果，结果显示，IV 的回归系数为1.677，且在10%的水平上显著为正，表明该工具变量与是否存在多个大股东高度相关，第二阶段的回归结果看出，Lambda 在回归中显著，表明存在显著的自选择效应；并且，在控制了自选择效应的影响后，多个大股东（Multi）的系数在5%的水平上显著为正，本研究结论未发生变化，再次验证了多个大股东的股权结构对国有企业的绿色治理具有促进作用。与此同时，本研究对前文模型（3-2）同样进行了 Heckman 两阶段回归，结果

如表 3 – 5 中列（4）和列（5）所示，无论是自变量还是交互项依然显著，进一步证实了前文结论的稳健性。

3.4.3.3　其他稳健性检验

为了进一步增强结论的可靠性，本研究还从以下几个方面进行稳健性检验：

（1）改变大股东的界定标准。本研究借鉴巴拉斯等（Bharath et al.，2013）和埃德曼等（Edmans et al.，2013）对大股东的研究，分别将持股比例超过 5% 和 20% 的股东定义为大股东，重新对模型（3 – 1）进行回归，结果见表 3 – 6 列（1）和列（2）。结果显示，当采用 5% 和 20% 的标准时，多个大股东（*Multi*）的回归系数均在 5% 水平上显著为正，表明本研究结论对多个大股东的界定标准保持稳健。

（2）改变企业绿色治理的计量标准。一是借鉴张琦等（2019）的研究，将重污染企业年报中"管理费用"科目涉及绿化费和排污费的项目与上述资本化环保支出加总并进行标准化处理，得到企业绿色治理的另一代理变量（*Epi*2）进行稳健性检验；二是将企业资本化环保投资、绿化费、排污费与企业社会责任报告中涉及环境投资的项目加总，进而做标准化处理得到企业绿色治理的代理变量（*Epi*3）；三是对企业的资本化环保投资采用营业收入进行标准化处理，得到绿色治理的代理变量（*Epi*4）。用上述方法重新进行回归分析，结果如表 3 – 6 中列（3）~ 列（5）所示，企业绿色治理的三个指标均在的 5% 的水平上显著为正，证实了多个大股东能够促进国有企业提升绿色治理水平。

（3）增加控制变量。考虑遗漏变量与衡量偏误问题，本研究进一步控制了管理者持股比例（*Manage*）和股权集中度（*Top*1）这两项公司治理因素进行验证，回归结果与基本回归保持一致。

表3－6　　　　　　　多个大股东与企业绿色治理：其他稳健性检验

变量	改变大股东的界定标准		改变绿色治理的计量			增加控制变量
	（1） Epi1	（2） Epi1	（3） Epi2	（4） Epi3	（5） Epi4	（6） Epi1
Multi5	0.082 * （1.958）					
Multi10			0.143 ** （2.413）	0.130 ** （2.059）	0.272 ** （2.146）	0.160 *** （2.785）
Multi20		0.217 *** （2.633）				
Roa	0.704 * （1.691）	0.699 * （1.688）	0.570 （1.226）	1.102 * （1.921）	0.233 （0.269）	0.602 （1.452）
Lev	0.447 ** （2.477）	0.470 *** （2.592）	0.415 ** （2.245）	0.324 * （1.679）	1.031 *** （2.684）	0.466 ** （2.519）
Growth	－0.095 ** （－2.154）	－0.085 * （－1.902）	－0.108 ** （－2.389）	－0.116 ** （－2.278）	－0.201 ** （－2.082）	－0.097 ** （－2.120）
Cash	－0.053 （－0.280）	－0.040 （－0.211）	－0.032 （－0.162）	－0.089 （－0.393）	0.524 （1.219）	－0.001 （－0.004）
Size	－0.045 * （－1.744）	－0.054 ** （－2.092）	－0.048 * （－1.808）	－0.022 （－0.787）	－0.077 （－1.367）	－0.057 ** （－2.077）
Age	0.042 （0.533）	0.051 （0.639）	0.057 （0.704）	0.127 （1.455）	0.038 （0.223）	0.075 （0.916）
Board	－0.016 * （－1.675）	－0.016 （－1.591）	－0.019 * （－1.880）	－0.024 ** （－2.261）	－0.042 ** （－1.995）	－0.017 * （－1.709）
Id	－1.530 *** （－4.814）	－1.501 *** （－4.692）	－1.529 *** （－4.581）	－1.844 *** （－5.129）	－3.624 *** （－5.092）	－1.629 *** （－4.991）
Duality	0.046 （0.750）	0.038 （0.630）	0.069 （1.103）	0.037 （0.546）	0.132 （0.937）	0.049 （0.811）
Manage						0.048 （0.052）

续表

变量	改变大股东的界定标准		改变绿色治理的计量			增加控制变量
	(1) Epi1	(2) Epi1	(3) Epi2	(4) Epi3	(5) Epi4	(6) Epi1
Top1						0.245 (1.639)
常数项	1.457 *** (2.685)	1.641 *** (3.020)	1.638 *** (2.940)	1.085 * (1.834)	2.873 ** (2.527)	1.541 *** (2.824)
Industry	控制	控制	控制	控制	控制	控制
Year	控制	控制	控制	控制	控制	控制
样本数	1716	1716	1716	1716	1716	1716
R^2	0.093	0.096	0.097	0.069	0.125	0.097

3.5 进一步分析

3.5.1 多个大股东的合作监督力量与国有企业绿色治理

以往文献研究表明，大股东的相对力量对公司价值至关重要（Bennedsen and Wolfenzon，2000；Maury and Pajuste，2005；Attig et al.，2013）。在混合所有制改革中，不同性质的外部股东通过"权力的分享"，具有不同程度的"发声"的能力和影响力，进而影响公司治理的效果（逯东等，2019）。基于此，本研究从多个大股东的数量、相对持股比例和国企大股东的多样性三方面来论证大股东的合作监督力量如何影响国有企业的绿色治理水平。

本研究认为，在"一股独大"和股权高度集中的股权结构中，多个大股东的存在能够克服政府的行政干预以及管理层的机会主义行为。当企业内存在更多的大股东时，大股东们将更容易进行讨价还价，从而缓解企业内的代理冲突（Gomes and Novaes，2001）。首先，本研究参考阿提格等（Attig et al.，2008）的研究，选取企业内非控股大股东的数量（*Nlarge*），替换多个大股东哑变量，进行模型（3-1）的验证，从表 3-7 列（1）的回归结果来看，其他大股东的数量（*Nlarge*）的系数在 5% 的水平上显著为正，即国有企业中其他大股东数量越多，越能够促进企业进行绿色治理。其次，本研究借鉴本-纳斯尔等（Ben-Nasr et al.，2015）和姜付秀等（2018）的研究，以企业内其他大股东的持股比例之和与控股股东持股比例的比值（*Rduality*）来衡量大股东的相对力量，同样采用模型（3-1）进行验证，当企业只有单一大股东时，*Rduality* 取值为 0。回归结果如表 3-7 中列（2）所示，其他大股东的相对持股比例越大，企业会采取更多的绿色治理行为。最后，本研究结合混合所有制改革进一步考察了大股东的多样性（*Mixnum*），并探索不同类型的大股东在监测控股股东并如何影响企业绿色治理。本研究参考马连福等（2015）及郝阳和龚六堂（2017）的做法，将股东性质具体划分为国有股东、民营股东、家族或自然人、外资股东、机构投资者和其他股东六类。具体的，当国有企业中所有大股东性质相同时，*Mixnum* 取值为 1；为两种时 *Mixnum* 取值为 2，以此类推，国有企业"一股独大"的现状较为明显，样本公司中最多有三类大股东，*Mixnum* 的最大值为 3。进行模型（3-1）的回归后回归结果见表 3-7 中列（3），*Mixnum* 的系数在 5% 的水平下显著为正，即国有企业中不同性质的股东决策逻辑存在差异，大股东性质越多的企业越会加强企业绿色治理，可能的解释为异质性大股东之间容易形成制衡局面，其他大股东主要发挥着监督作用。通过三个维度的检验说明企业中其他大股东相对于控股股东的合作监督力量越大，企业的绿色治理水平越高，从而进一步印证了多个大股东通过合作监督提升国有企业绿色治理水平。

表 3 - 7　　　多个大股东与国有企业绿色治理：其他大股东的监督力量

变量	（1） Epi1	（2） Epi1	（3） Epi1
Nlarge	0.093 ** （2.235）		
Rduality		0.146 ** （2.076）	
Mixnum			0.110 ** （2.359）
Roa	0.640 （1.532）	0.679 （1.628）	0.665 （1.594）
Lev	0.440 ** （2.435）	0.436 ** （2.412）	0.440 ** （2.443）
Growth	- 0.089 ** （- 1.991）	- 0.088 ** （- 1.975）	- 0.089 ** （- 1.998）
Cash	- 0.031 （- 0.163）	- 0.039 （- 0.205）	- 0.036 （- 0.191）
Size	- 0.048 * （- 1.850）	- 0.046 * （- 1.781）	- 0.051 * （- 1.961）
Age	0.042 （0.531）	0.041 （0.517）	0.034 （0.437）
Board	- 0.017 * （- 1.700）	- 0.017 * （- 1.718）	- 0.017 * （- 1.722）
Id	- 1.558 *** （- 4.867）	- 1.537 *** （- 4.809）	- 1.563 *** （- 4.887）
Duality	0.045 （0.746）	0.045 （0.743）	0.043 （0.716）
常数项	1.555 *** （2.868）	1.513 *** （2.802）	1.539 *** （2.835）
Industry	控制	控制	控制

续表

变量	(1) *Epi*1	(2) *Epi*1	(3) *Epi*1
Year	控制	控制	控制
样本数	1716	1716	1716
R^2	0.094	0.094	0.096

3.5.2 外部治理环境、多个大股东与国有企业绿色治理

在混合所有制改革的背景下，国有企业逐渐由行政型治理向以市场机制为主的经济型治理转型。当外部治理环境偏向于行政型时，国有企业的股权结构无论是单一大股东还是多个大股东，国有企业绿色治理都将受到政府行政干预的影响。而当外部治理化环境偏向于经济型时，政府的行政干预松动，将有助于多个大股东发挥在企业绿色治理中的促进作用。为此，为验证不同外部治理环境下多个大股东对企业绿色治理的作用，本研究根据以往研究，主要从区域和行业层面区分行政型和经济型两种治理环境。区域层面使用市场化程度指标；行业层面使用国有企业类别指标。

针对市场化程度的衡量，本研究采用王小鲁等编制的《中国省级市场化指数报告（2018）》中的市场化指数来衡量企业所在地区的市场化程度。按照中位数将样本分为市场化程度高和市场化程度低两组，分组检验不同治理环境下，多个大股东对企业绿色治理的影响。对于不同类别的国有企业，本研究参考魏明海等（2017）的做法，将国有上市公司按照所在行业分类为商业竞争和特定功能国有企业。竞争类国有企业主要以利润最大化为目标，股权呈现多元化趋势，政府不再干预，企业走向市场化（杨瑞龙，1999）。而功能类国有企业主要涉及国家经济安全等行业，其股权多元化程度不高，国有第一大股东处于绝对控股地位（魏明海等，2017）。本研究构造了国有企

业分类哑变量，当国有上市公司属于功能类国有企业时赋值为 1，属于竞争
类国有企业时赋值为 0。

回归结果如表 3 - 8 所示。列（1）和列（2）显示了在经济型治理环境
下多个大股东对绿色治理水平的影响。结果表明，多个大股东（Multi）与国
有企业绿色治理水平（Epi1）均在 1% 的水平上显著为正，说明在经济型治
理环境下，多个大股东能显著促进国有企业的绿色治理水平。列（3）和列
（4）显示，多个大股东（Multi）的系数为正，但是并不显著。表明行政型治
理环境下多个大股东对国有企业绿色治理没有显著影响。上述结果表明，在
经济型治理环境下，多个大股东的股权结构与治理环境相互匹配，多个大股
东的合作监督效应更容易发挥；而当企业处于行政型治理环境时，控股股东
较强势，多个大股东在国有企业绿色治理中发挥的积极作用受到限制。

表 3 - 8　　　　　　　　外部治理环境、多个大股东与企业绿色治理

变量	经济型治理环境		行政型治理环境	
	市场化程度高	竞争类国企	市场化程度低	功能类国企
	（1） Epi1	（2） Epi1	（3） Epi1	（4） Epi1
Multi	0. 298 *** （2. 794）	0. 204 *** （2. 879）	0. 004 （0. 058）	0. 085 （0. 864）
Roa	0. 432 （0. 603）	- 0. 056 （- 0. 163）	0. 975 * （1. 822）	1. 823 （1. 561）
Lev	0. 289 （0. 838）	- 0. 302 （- 1. 638）	0. 672 *** （3. 198）	1. 571 *** （4. 293）
Growth	- 0. 053 （- 0. 712）	- 0. 062 （- 1. 471）	- 0. 103 ** （- 2. 055）	- 0. 120 （- 1. 014）
Cash	0. 207 （0. 594）	- 0. 506 *** （- 3. 120）	- 0. 501 ** （- 2. 313）	1. 488 ** （2. 356）
Size	- 0. 101 * （- 1. 929）	0. 024 （0. 855）	- 0. 039 （- 1. 332）	- 0. 129 *** （- 2. 936）

变量	经济型治理环境		行政型治理环境	
	市场化程度高	竞争类国企	市场化程度低	功能类国企
	（1） *Epi*1	（2） *Epi*1	（3） *Epi*1	（4） *Epi*1
Age	0.105 （0.768）	0.101 （1.043）	−0.051 （−0.570）	−0.134 （−0.847）
Board	−0.017 （−0.970）	−0.025 ** （−2.262）	−0.016 （−1.608）	−0.015 （−1.019）
Id	−2.899 *** （−4.282）	−1.179 *** （−3.313）	−0.789 ** （−2.233）	−2.071 *** （−3.551）
Duality	0.149 （1.478）	0.124 * （1.837）	−0.122 * （−1.681）	−0.203 * （−1.867）
常数项	3.101 *** （2.863）	0.134 （0.265）	1.284 * （1.890）	3.346 *** （3.017）
Industry	控制	控制	控制	控制
Year	控制	控制	控制	控制
样本数	835	986	881	730
R^2	0.152	0.118	0.107	0.121

3.5.3 内部治理环境、多个大股东与国有企业绿色治理

前文认为多个大股东通过弱化政府行政干预和管理层自利行为对企业绿色治理产生影响。基本假定存在多个大股东的公司，其治理水平一般较高，多个大股东之间会形成制衡，降低单个大股东和管理层获取私利的可能性（姜付秀等，2015；Ben-Nasr et al.，2015；姜付秀等，2017；姜付秀等，2018；王美英等，2020）。但与此同时，多个大股东之间由于相互间的关联关系也可能达成联盟，与控股股东合谋来侵占中小股东的利益（Faccio et al.，2001；Cheng et al.，2013；魏明海等，2013；Feng and Zhou，2020）。董事会

成员通过监督活动能够有效识别管理者的机会主义行为，并确保组织行为符合公司利益相关者的利益（Kosnik，1990）。为了说明多个大股东通过弱化政府行政干预和管理层自利行为发挥作用，本研究认为在董事会监督能力较强时，多个大股东更可能是发挥合作监督作用而非合谋作用。为此，本研究进一步验证董事会独立性在多个大股东与国有企业绿色治理中的作用。

本研究对董事会独立性（Id）定义为该公司第 i 年的独立董事比例。本研究借鉴朱冰等（2018）的做法，对公司第 i 年独立董事比例是否大于 1/3 进行分组，将样本分为高董事会独立性与低董事会独立性两组。表 3 - 9 中列（1）和列（2）为模型（3 - 1）分样本的检验结果，在董事会独立性较高的国有企业中，多个大股东（Multi）与绿色治理水平（Epi1）在 5% 的水平上显著为正，而在董事会独立性相对较低的国有企业中，多个大股东（Multi）与绿色治理水平（Epi1）不存在显著的相关关系。以上结果表明，在董事会独立性较高的国有企业，独立董事发挥着监督者与建议者的角色，有助于多个大股东形成良性合作，从而促进国有企业绿色治理水平的提升。

表 3 - 9　　　　　　　　董事会独立性、多个大股东与企业绿色治理

变量	高董事会独立性	低董事会独立性
	(1) Epi1	(2) Epi1
Multi	0. 130 ** (2. 214)	0. 156 (1. 598)
Roa	1. 249 *** (2. 778)	0. 427 (0. 602)
Lev	0. 412 ** (2. 229)	0. 549 * (1. 935)
Growth	- 0. 061 (- 0. 575)	- 0. 086 ** (- 2. 450)

续表

变量	高董事会独立性	低董事会独立性
	(1) Epi1	(2) Epi1
Cash	0.101 (0.546)	−0.288 (−0.773)
Size	−0.028 (−1.071)	−0.058 (−1.288)
Age	−0.065 (−0.676)	0.153 (1.240)
Board	−0.003 (−0.272)	−0.017 (−1.078)
Duality	0.033 (0.543)	0.060 (0.560)
常数项	0.753 (1.230)	0.891 (0.928)
Industry	控制	控制
Year	控制	控制
样本数	747	969
R^2	0.104	0.108

3.6　研究结论与政策建议

国有企业是绿色 GDP 的主要贡献者，在混合所有制改革的背景下，多个大股东的股权结构能否助力国有企业提升绿色治理水平值得关注。本研究基于 2013～2018 年沪深 A 股国有重污染公司数据，实证检验了多个大股东对国有企业绿色治理的影响，以及政府环境规制在二者关系中的调节效应。研究发现，相较于存在单一大股东的国有企业，存在多个大股东的国有企业，其绿色治理水平越高。这是由于国有企业多个大股东具有弱化政府行政干预和增强管理层激励约束的双重作用。不仅如此，研究还发现国有企业所在区域环境规制越弱，多个大股东对国有企业绿色治理的促进作用越强，即多个大股东的公司治理机制在一定程度上可以替代政府环境规制，对国有企业绿色治理水平的提升具有积极作用。以上结果在考虑内生性、自选择和更换核心变量等问题后仍然成立。本研究还进一步研究了多个大股东影响国有企业绿色治理水平的边界条件，研究发现大股东的数量越多，国有企业绿色治理水平越高，这种变化趋势在多个大股东的相对持股比例提高，多个大股东的多样性增强时也相一致；与行政型治理环境相比，当公司处于经济型治理环境时，多个大股东的绿色治理效果更为显著；与董事会独立性较差的公司相比，当国企董事会独立性较强时，多个大股东对绿色治理的提升作用也较大。

本研究的启示在于：第一，对于国有企业而言，多个大股东的股权结构不仅具有公司治理效应，而且具有绿色治理效应。第二，国有企业要持续推进市场化改革和混合所有制改革，但在改革路径上要注重优化公司治理结构，尤其是股权结构，以进一步强化多个大股东股权结构的积极作用。第三，现阶段政府引导企业尤其是国有企业推行绿色治理，不仅需要依靠环保法律法规等强制性治理方式，而且需要发挥国有企业的自主治理作用。在政府环境规制比较薄弱的地区，可以引导企业通过强化公司治理机制来提升绿色治理效果。第四，多个大股东的治理机制虽然能够起到积极效果，但受制于多个大股东力量、外部治理环境以及董事会监督等内外部因素，为了更好地发挥其治理效应，政府相关部门以及国有企业应进一步探索由行政型治理向经济型治理转型，不断提高企业市场化经济型治理的程度。

| 第4章 |

绿色董事会与企业绿色治理

本章基于资源依赖理论，以沪深 A 股上市公司为研究样本，系统分析了绿色董事会对企业绿色治理策略的影响效应及其内在机理。研究表明：绿色董事会不仅促进企业末端治理策略，而且促进企业源头治理策略；企业绿色关注在其中发挥中介作用；在环境规制较弱的地区，绿色董事会对企业源头治理策略的促进作用更强；绿色独立董事对企业末端治理策略和源头治理策略都具促进作用，而绿色非独立董事仅能促进企业末端治理策略。研究结论为积极发挥绿色董事会作用，促进企业绿色治理策略实施提供了理论依据和经验借鉴。

4.1 问题的提出

作为市场经济活动的主要参加者，上市公司在推动经济迅速发展的同时，在生产经营过程中通常伴随着自然资源消耗、生态环境破坏和环境污染等问题（李维安等，2019）。在此背景下，上市公司的发展任务被赋予更高的要求，不仅需要完成自身的经营目标，而且需要在执行环境治理政策方面发挥关键作用。为了响应政府的绿色发展理念，减少对生态系统的危害，很多公司将环境问题纳入其总体的战略决策中（Zeng et al.，2022）。

公司绿色治理策略的实施效果与公司董事会紧密相关，因为公司董事会负责决策制定和公司控制，并为公司高管提供合理化建议（Fama and Jensen，1983）。近年来，由于公司治理转型升级和资本市场对环境、社会和公司治理（ESG）发展的强烈呼应，中国上市公司对绿色董事会的需求越来越迫切。企业环境行为具有投资的不确定性、收益的长期性以及制度复杂性等特征（芦慧等，2020），绿色董事会可以通过为公司提供绿色资源和绿色信息影响公司绿色治理策略（Homroy and Slechten，2019）。前期文献表明董事会通过监督（王锋正和陈方圆，2018）以及强化公司环境责任的动机（杜兴强等，2021）等影响企业环境行为。尽管如此，绿色董事会能否影响企业绿色治理策略尚留有研究空白，值得深入探讨。此外，现有企业环境行为的研究都是将企业绿色治理策略视作同质性的，而实际上受到社会、规制和公共政策等诸多因素的影响，企业绿色治理策略可能存在差异性（Homroy and Slechten，2019）。曾等（Zeng et al.，2022）为了检验自然资源离任审计对企业绿色治理策略的影响，将企业绿色治理策略区分为源头治理和末端治理。总体来讲，源头治理要优于末端治理，因为采取末端治理意味着企业已经发生环境污染，重点在于通过污染控制修复环境问题；而采取源头治理的企业，则会充分考虑企业环境治理领域的资源投入与产出关系，重视在生产流程和过程创新方面解决环境问题，减少资源浪费和环境污染（Zeng et al., 2022）。

因此，本研究选取 2013~2021 年中国重污染上市公司作为研究对象，主要探讨以下问题：首先，绿色董事会能否影响企业末端治理和源头治理策略？其次，绿色董事会影响企业末端治理和源头治理策略的机制是什么，是否通过企业绿色关注发挥作用？再次，环境规制是否对绿色董事会与企业绿色治理策略的关系起到调节作用？最后，绿色独立董事和绿色非独立董事在影响企业末端治理和源头治理方面是否存在差异？

本研究的理论贡献可能包括：第一，基于资源依赖理论，首次考察了绿色董事会是否影响企业绿色治理策略，有助于拓展企业绿色治理策略影响因素的相关研究；第二，本研究发现绿色董事会通过提高企业绿色关注水平促进企业绿色治理策略实施，为绿色董事会的监督职能、资源职能和提供合法性的职能提供了新的经验证据；第三，本研究讨论了绿色董事会对企业绿色治理策略的影响在不同环境规制地区的异质性，发现环境规制仅仅调节绿色董事会对企业源头治理策略的关系，补充了关于绿色董事会如何影响企业环境行为的文献；第四，本研究发现绿色独立董事和绿色非独立董事在影响企业源头治理策略和末端治理策略方面具有差异性，绿色独立董事不仅能促进企业末端治理策略，还能促进企业源头治理策略，而绿色非独立董事仅能促进企业末端治理策略，补充了关于不同董事角色如何差异性影响企业环境行为的文献。

4.2 理论分析与研究假设

4.2.1 绿色董事会与企业绿色治理策略

由于生态系统所拥有的自然资源和承载力是有限的，无法永续满足人类因欲望无限而形成的生产力，这就要求公司安排各项活动都需要综合考虑资源有限性和环境可承载性，尤其是在治理层面强化绿色行为，即通过一系列正式或非正式的结构安排和机制设计，促进公司的科学决策以最小化对生态环境的危害（李维安等，2017）。具体到公司治理层面，需要发挥董事会的绿色治理功能。依据资源依赖理论的观点，董事会被视为企业的"资源池"，董事会的资源供给作用主要体现为：提供建议、提供资源、信息沟通和提供合法性（Pfeffer and Salancik，1978）。与此同时，具有特殊功能的异质性董事会是企业资源的载体，有助于企业应对特定的环境不确定问题。有研究表明，独立董事成员的独特技能、专业知识和外部联系将会为企业提供包括环境、社会等人力资本和关系资本，从而有助于企业可持续战略的开展（Haque，2017）。路易斯等（Lewis et al.，2014）认为，管理者的人力资本特征会影响到其环保投资意识以及企业的环境信息披露行为。绿色董事会是指董事会成员具有环保工作经历或环保教育经历，绿色董事会能够影响企业绿色治理策略，主要体现以下几个方面：

第一，绿色董事会通过建议职能影响企业绿色治理策略。绿色董事由于过去的环保经历对环境问题有更深刻的认识，更愿意承担包括源头治理和末端治理在内的环保责任。例如，沃尔斯和霍夫曼（Walls and Hoffman，2013）发现，具有环保经历的董事能够促进企业做出环境友好决策；霍姆罗伊和斯莱赫（Homroy and Slechten，2019）发现董事的环保经历与企业环境绩效呈显著的正相关关系。第二，绿色董事会通过资源和信息职能影响企业绿色治理策略。资源不足是阻碍绿色治理策略成功实施的关键因素之一，企业的信息和可用资源决定了企业的环境绩效（Waddock and Graves，1997）。绿色董事独特的绿色资本特征能够为企业带来绿色资源和绿色信息，帮助企业在实施末端治理时更好地寻找更优的环保投资项目，在实施源头治理时采取更有效率的绿色创新方式。第三，绿色董事通过提供合法性影响企业绿色治理策略。随着生态环境保护成为全球关注的话题，股东和关键利益相关者已经注意到实行绿色治理策略的重要性。利益相关者的诉求会对企业形成监督约束压力，促使企业实施末端治理和源头治理，而绿色董事会呼应了利益相关者对企业环境治理的要求，能够增加企业政治合法性和商业合法性（Wei et al.，2017；Torugsa et al.，2013），从而帮助企业获得关键资源和利益相关者的支持以及获取长期竞争优势。

基于以上分析，本研究提出如下假设：

H4 - 1：绿色董事会正向促进企业绿色治理策略。

H4 - 1a：绿色董事会正向促进企业末端治理策略。

H4 - 1b：绿色董事会正向促进企业源头治理策略。

4.2.2 企业绿色关注的中介作用

实行绿色治理策略，对企业来说是"昂贵"的，尽管从长期来看，末端治理和源头治理可为企业带来竞争优势，实现财务增长，但短期内环境目标与财务目标存在较大冲突（Flammer et al.，2019）。企业实行绿色治理策略需要投入大量的资源和时间，同时在推向市场的过程中存在着大量的不确定性（Hall et al.，2005）。此外，在短期内，实行绿色治理策略会降低实际和预期的财务业绩。鉴于环境绩效和财务绩效之间的冲突，实施绿色治理策略无法使企业在短期内获得实在的利益，一定程度上会削弱了企业的实施动力。

但是绿色董事会能够促使企业提高绿色关注，进而减少绿色治理策略的实施障碍。这是因为与一般的董事相比，绿色董事拥有更强的环境信息感知能力和环境价值观念。借助绿色董事的专业知识和经验，绿色董事会可以对绿色治理策略方面的信息和机会做出更快速、更准确的判断，在帮助企业提高绿色治理策略决策质量的同时也减轻了企业绿色治理策略实施的阻碍。综上，绿色董事会能够将企业的注意力转向有益于企业可持续发展的末端治理和源头治理策略上，从而促使企业更加关注绿色治理策略问题。

基于以上分析，本研究提出如下假设：

H4 – 2：绿色董事会通过增强企业绿色关注促进企业实施绿色治理策略。

H4 – 2a：绿色董事会通过增强企业绿色关注促进企业实施末端治理策略。

H4 – 2b：绿色董事会通过增强企业绿色关注促进企业实施源头治理策略。

4.2.3 环境规制的调节作用

面对严格的环境规制，企业不仅要实现利润最大化的目标，更要履行实现环境保护的目标（陈艳莹等，2020）。当一个地区配置更多的预算、人员和设备去监管当地企业的环境合规性时，迫于监管压力，企业将更好地履行环境保护职责（蔡春等，2021）。当企业所在区域的环境规制力度较大时，无论是公司治理机制较好还是公司治理机制较差的企业都将面临相同的环境监管压力。

企业环境治理属于隐性成本，其投资大、周期长。当地区环境规制强度处于低水平时，宽松的环境规制会导致企业较低的环境标准遵守率和较少的环保支出。此时绿色董事会将补充环境规制压力较弱的影响。而在环境规制较强的地区，地方政府具有较强的环境逻辑，无论是否具备绿色董事会都将促使企业积极实施末端治理和源头治理策略。因此，可以认为，当地区环境规制较弱时，绿色董事会对企业绿色治理策略的促进作用更强。

基于此，本研究提出如下假设：

H4 – 3：环境规制弱化了绿色董事会对企业绿色治理策略的正向影响。

H4 – 3a：环境规制弱化了绿色董事会对企业末端治理策略的正向影响。

H4 – 3b：环境规制弱化了绿色董事会对企业源头治理策略的正向影响。

4.2.4 绿色独立董事和绿色非独立董事的分类影响

根据企业实施绿色治理策略的动机，可以将绿色治理策略分为末端治理策略和源头治理策略（Zeng et al.，2022）。末端治理策略具有短期性、风险低的特点，而源头治理策略具有长期性和风险高的特点，这也决定了末端治理策略的主要目的是获得合法性，源头治理策略则是在合法性的基础上推动企业绿色发展和获取竞争优势。但与此同时，实行源头治理策略在短期内会挤占企业的财务资源，财务资源的减少将带来风险的不确定性以及较低的高管薪酬。

通常来讲，非独立董事优先考虑的是风险规避和保护当前的财富，而不是最大化潜在的未来财富。而与非独立董事相比，独立董事更加独立于高管和股东。因此独立董事更能从独立性和客观性角度合理化利益相关者的诉求，这也包括利益相关者的环保诉求。第一，绿色独立董事的绿色相关经历能够提高董事会对环境问题的敏感度和认识度，对环境方面的相关政策会更为关注（Naffziger et al.，2003）。因此，绿色独立董事能够更好地评估企业所遇到的环境风险，确保企业的环境行为满足政府环保法律法规的合法性要求，进而增加末端治理投入。第二，绿色独立董事由于过去的环保经历对环境问题有更深刻的认识，更容易对生态环境产生强烈的归属感，形成以生态环境为中心的价值观（Wang et al.，2023）。不仅如此，根据资源依赖理论，组织的绩效取决于其通过互惠交换从其他公司获取关键资源的能力（Pfeffer and Salancik，1978），绿色董事独特的绿色资本特征能够为企业带来绿色资源和绿色信息（Haque，2017）。因此，绿色独立董事有强烈的动机和能力建议董事会开展积极的源头治理策略。

鉴于环境绩效和财务绩效之间的冲突，以及实施源头治理策略无法使企业在短期内获得实在的利益，可以认为与绿色非独立董事相比，绿色独立董事不仅能推动企业实施末端治理策略，更能促进企业采取源头治理策略；同时，绿色非独立董事更倾向于选择见效快、风险相对较低的末端治理策略。

基于以上分析，本研究提出如下假设：

H4 - 4a：与绿色非独立董事相比，绿色独立董事不仅能够推动企业实施末端治理策略，还能促使企业采取源头治理策略。

H4 - 4b：与绿色独立董事相比，绿色非独立董事仅能够推动企业实施末端治理策略。

4.3 研究设计

4.3.1 样本选取与数据来源

本研究以 2013 ~ 2021 年中国沪深 A 股重污染行业上市公司为研究对象。其中，重污染行业依据中国证监会《上市公司行业分类指引》（2012 年修订）进行认定，包含采矿、纺织、皮革和金属冶炼等行业。本研究对全样本进行了以下处理：①剔除期间被 ST、*ST 的上市公司样本；②剔除关键变量值缺失的样本；③对所有连续变量进行上下 1% 水平的缩尾处理。最终，得到 3611 个样本观测值。绿色董事会数据是根据国泰安（CSMAR）数据库中董事会成员个人资料并结合新浪财经等渠道手工收集整理获取，末端治理策略数据来源于中国研究数据服务平台（CNRDS），源头治理策略数据主要来源于上市公司财务报表中的在建工程和管理费用等项目附注，并手工收集了与污染处理和环境支出等环保相关项目数据，企业绿色关注数据通过上市公司年报获取，环境规制数据通过《中国统计年鉴》《中国环境统计年鉴》获取，其他变量数据均来源于国泰安（CSMAR）数据库。

4.3.2 变量测量

4.3.2.1 被解释变量：企业绿色治理策略（*Strategy*）

参考曾等（Zeng et al.，2022）的做法，将企业绿色治理策略区分为末端治理策略（*Control*）和源头治理策略（*Prevention*）。末端治理策略用企业环境治理投资/年末总资产×100 表示，环境治理投资扣除了与新产品研发和技术创新等相关费用，稳健性中使用企业环境治理投资/营业收入×100 来表示；源头治理策略用 $\ln(1+$绿色专利授予数量）表示，稳健性检验中使用 $\ln(1+$绿色专利申请数量）表示。

4.3.2.2　解释变量：绿色董事会（*GB*）

借鉴霍姆罗伊和斯莱赫（Homroy and Slechten，2019）的研究，首先界定绿色董事。如果公司董事曾在环保部门、环保相关部门以及能源工业部门工作，或者是具有环境工程、环境科学、给排水、能源与环境系统工程等专业的受教育经历，则将该董事界定为绿色董事。如果董事会中至少有一名绿色董事，则 GB 取 1，否则取 0。本研究还在稳健性检验中使用绿色董事人数/董事会规模表示绿色董事会。

4.3.2.3　中介变量：企业绿色关注（*GA*）

参考斯丽娟和曹昊煜（2022）、王永贵和李霞（2023）的方法，用文本分析法确定企业绿色关注。选取低碳环保、环保战略和环保设施等关键词对企业年报进行了文本分析，以上述词语出现的频次加 1 并取自然对数度量企业绿色关注。

4.3.2.4　调节变量：环境规制（*MC*）

借鉴已有研究（张成等，2011），本研究根据各省环境污染治理投资占第二产业增加值的比值来衡量地区环境规制强度，数值越大，代表环境规制强度越大。

4.3.2.5　控制变量

根据以往研究（张琦等，2019；陈羽桃和冯建，2020），本研究选取企业规模（*Size*）、财务杠杆（*Lev*）、资产收益率（*Roa*）、现金流比率（*Cash-flow*）、营业收入增长率（*Growth*）、企业年龄（*Age*）、产权性质（*Type*）、独立董事比例（*Indep*）、第一大股东持股比例（*First*）、人均 GDP 水平（*GDP*）和市场化水平（*Market*）作为控制变量；此外，本研究还控制了行业（*Ind*）与年度（*Year*）固定效应。所有变量的具体定义和计算过程如表 4－1 所示。

表 4－1   变量定义与测量

变量名称	变量符号	测量方法
末端治理策略	*Control*	企业环境治理投资/年末总资产 × 100
源头治理策略	*Prevention*	ln（1 + 绿色专利授予数量）
绿色董事会	*GB*	董事会中至少有一名绿色董事，则 *GB* 取 1，否则取 0
企业绿色关注	*GA*	ln（1 + 基于文本分析的总频次）
环境规制	*MC*	地区环境污染治理投资/第二产业增加值
企业规模	*Size*	ln（1 + 总资产）
财务杠杆	*Lev*	总负债/总资产
资产收益率	*Roa*	净利润/总资产
现金流比率	*Cashflow*	经营活动产生的现金流量净额/总资产
企业成长性	*Growth*	本年营业收入增加额/上一年营业收入
企业年龄	*Age*	ln（1 + 企业年龄）
企业产权性质	*Type*	产权性质为国有取值为 1，否则为 0
独立董事比例	*Indep*	独立董事人数/董事总人数
第一大股东持股比例	*First*	第一大股东持股数量/总股数 × 100
人均 GDP 水平	*GDP*	ln（GDP 总产值/总人口）
市场化水平	*Market*	根据市场化指数测算
行业	*Ind*	行业虚拟变量
年度	*Year*	年度虚拟变量

4.3.3　模型构建

为检验绿色董事会对企业绿色治理策略的影响，本研究设定如下模型：

$$Streategy_{i,t} = \alpha_0 + \alpha_1 GB_{i,t} + \alpha_2 \sum Controls_{i,t} + \sum Ind + \sum Year + \varepsilon_{i,t}$$

$$(4-1)$$

其中，$Streategy_{i,t}$ 为因变量企业绿色治理策略，包括末端治理策略（$Control_{i,t}$）和源头治理策略（$Prevention_{i,t}$）。前文提到的控制变量用 $Controls_{i,t}$ 表示，Ind 与 $Year$ 分别表示行业虚拟变量与年度虚拟变量。

为检验企业绿色关注是否是绿色董事会影响企业绿色治理策略的内在机制，本研究在模型（4-1）的基础上设定如下模型：

$$GA_{i,t} = \beta_0 + \beta_1 GB_{i,t} + \beta_2 \sum Controls_{i,t} + \sum Ind + \sum Year + \varepsilon_{i,t}$$

$$(4-2)$$

$$Streategy_{i,t} = \eta_0 + \eta_1 GA_{i,t} + \eta_2 GB_{i,t} + \eta_3 \sum Controls_{i,t} + \sum Ind$$
$$+ \sum Year + \varepsilon_{i,t}$$

$$(4-3)$$

其中，$GA_{i,t}$ 为企业绿色关注。模型（4-1）用于检验绿色董事会与企业绿色治理策略的关系，若 α_1 显著为正，则表明绿色董事会能够促进企业绿色治理策略。在此基础上同时使用模型（4-1）~ 模型（4-3）的联立方程检验中介效应。分下面三个步骤进行：用模型（4-1）检验绿色董事会对企业绿色治理策略的影响，若 α_1 显著，则用模型（4-2）检验绿色董事会对中介变量 GA 的影响；若 β_1 显著，则用模型（4-3）同时纳入绿色董事会变量与中介变量进行分析；若系数 η_1 显著且 η_2 不显著，则为完全中介效应；若系数 η_2 和 η_1 均显著，则为部分中介效应。

为检验不同环境规制水平下，绿色董事会对企业绿色治理策略的影响，本研究设定如下模型：

$$Streategy_{i,t} = \gamma_0 + \gamma_1 GB_{i,t} + \gamma_2 MC_{i,t} + \gamma_3 GB_{i,t} \times MC_{i,t} + \gamma_4 \sum Controls_{i,t}$$

$$+ \sum Ind + \sum Year + \varepsilon_{i,t} \qquad (4-4)$$

4.4 实证结果分析

4.4.1 描述性统计

表 4-2 报告了主要变量的描述性统计结果。末端治理策略的最小值为
0，最大值为 11.238；源头治理策略的最小值为 0，最大值为 3.219，表明不
同上市公司的绿色治理策略个体差异较大。源头治理策略的均值为 0.396，
说明目前国内上市公司采取源头治理策略的积极性不高。绿色董事会的均值
为 0.372，说明样本中 37.20% 的董事会为绿色董事会。

表 4-2　　　　　　　　　描述性统计结果

变量	观测值	均值	标准差	最小值	最大值
Control	3611	0.868	1.795	0	11.238
Prevention	3611	0.396	0.726	0	3.219
GB	3611	0.372	0.483	0	1
GA	3611	1.419	1.001	0	3.401
MC	3609	0.002	0.002	0	0.010
Size	3611	22.676	1.331	20.352	26.365
Lev	3611	0.438	0.196	0.071	0.912
Roa	3611	0.041	0.059	-0.181	0.227
Cashflow	3611	0.064	0.063	-0.121	0.248

变量	观测值	均值	标准差	最小值	最大值
Growth	3611	0.170	0.362	− 0.422	2.255
Age	3611	2.953	0.276	2.079	3.497
Type	3611	0.436	0.496	0	1
Indep	3611	0.371	0.050	0.333	0.556
First	3611	35.650	14.653	9.870	75.050
GDP	3611	11.123	0.428	10.218	12.065
Market	3611	8.280	2.063	3.450	11.690

4.4.2 回归结果分析

4.4.2.1 主效应检验

表 4 – 3 中列（1）是绿色董事会对末端治理策略影响的回归结果，
Control 系数为 0.194，且在 1% 的置信水平上显著；列（2）是绿色董事会对
源头治理策略影响的回归结果，*Prevention* 的系数为 0.066，且在 1% 的置信
水平上显著。以上结果表明绿色董事会正向促进企业绿色治理策略，且对末
端治理策略和源头治理策略都会产生不同程度的促进作用，假设 H4 – 1、
H4 – 1a 和 H4 – 1b 得到验证。

表 4 – 3   回归结果分析

变量	（1） *Control*	（2） *Prevention*	（3） *GA*	（4） *Control*	（5） *Prevention*	（6） *Control*	（7） *Prevention*
GB	0.194 *** (0.065)	0.066 *** (0.025)	0.059 ** (0.027)	0.183 *** (0.065)	0.064 *** (0.025)	0.195 *** (0.065)	0.071 *** (0.025)
GA				0.180 *** (0.047)	0.041 *** (0.015)		

续表

变量	（1）Control	（2）Prevention	（3）GA	（4）Control	（5）Prevention	（6）Control	（7）Prevention
MC						51.865 ** (20.573)	5.580 (9.318)
GB × MC						−23.679 (27.917)	−37.760 *** (11.841)
Size	−0.112 *** (0.029)	0.175 *** (0.012)	0.067 *** (0.012)	−0.124 *** (0.029)	0.173 *** (0.012)	−0.114 *** (0.029)	0.175 *** (0.012)
Lev	0.846 *** (0.190)	−0.222 *** (0.073)	0.157 * (0.088)	0.818 *** (0.189)	−0.228 *** (0.073)	0.855 *** (0.190)	−0.217 *** (0.073)
Roa	2.468 *** (0.580)	−0.398 * (0.234)	−0.273 (0.293)	2.518 *** (0.577)	−0.388 * (0.235)	2.496 *** (0.581)	−0.389 * (0.234)
Cashflow	0.092 (0.461)	0.298 (0.191)	0.517 ** (0.229)	−0.001 (0.456)	0.280 (0.191)	0.133 (0.460)	0.296 (0.192)
Growth	−0.026 (0.081)	−0.037 (0.029)	0.003 (0.036)	−0.027 (0.082)	−0.037 (0.028)	−0.032 (0.081)	−0.037 (0.028)
Age	−0.288 ** (0.133)	−0.098 ** (0.049)	0.015 (0.058)	−0.291 ** (0.132)	−0.098 ** (0.049)	−0.290 ** (0.133)	−0.099 ** (0.050)
Type	0.089 (0.068)	0.126 *** (0.027)	−0.014 (0.029)	0.092 (0.068)	0.127 *** (0.027)	0.100 (0.069)	0.123 *** (0.027)
Indep	−1.096 ** (0.508)	0.151 (0.244)	−0.370 (0.234)	−1.029 ** (0.508)	0.164 (0.245)	−1.074 ** (0.509)	0.136 (0.245)
First	0.002 (0.002)	0.000 (0.001)	0.000 (0.001)	0.002 (0.002)	0.000 (0.001)	0.002 (0.002)	0.001 (0.001)
GDP	0.026 (0.124)	−0.025 (0.059)	0.127 ** (0.055)	0.003 (0.122)	−0.030 (0.058)	−0.021 (0.124)	−0.021 (0.059)
Market	0.026 (0.025)	0.021 * (0.011)	−0.025 ** (0.011)	0.031 (0.025)	0.021 ** (0.011)	0.052 * (0.026)	0.015 (0.012)
常数项	3.268 ** (1.300)	−3.382 *** (0.671)	−1.214 ** (0.599)	3.487 *** (1.288)	−3.339 *** (0.670)	3.442 *** (1.296)	−3.363 *** (0.672)

续表

变量	(1) *Control*	(2) *Prevention*	(3) *GA*	(4) *Control*	(5) *Prevention*	(6) *Control*	(7) *Prevention*
Year	Yes	Yes	Yes	Yes	Yes	Yes	Yes
Ind	Yes	Yes	Yes	Yes	Yes	Yes	Yes
样本数	3611	3611	3611	3611	3611	3609	3609
R²	0.138	0.178	0.511	0.143	0.179	0.139	0.180

注：*、**、*** 分别代表 10%、5%、1% 的显著性水平，括号内为标准误，下表同。

4.4.2.2　中介效应检验

表 4 - 3 中列（1）~列（5）联立报告了企业绿色关注在绿色董事会影响企业绿色治理策略中的中介作用。其中列（3）中绿色董事会的系数显著为正，这表明绿色董事会可以提高企业绿色关注水平，列（4）中绿色董事会（*GB*）与企业绿色关注（*GA*）的系数均在 1% 的置信水平上显著为正，列（5）中绿色董事会（*GB*）与企业绿色关注（*GA*）的系数同样在 1% 的置信水平上显著为正，说明企业绿色关注可以起到部分中介作用，即绿色董事会可以通过提高企业绿色关注水平这一渠道促进企业进行末端环境治理和源头环境治理，假设 H4 - 2、H4 - 2a 和 H4 - 2b 得到验证。

4.4.2.3　调节效应检验

表 4 - 3 中列（7）绿色董事会与环境规制的交乘项 *GB* × *MC* 的系数在 1% 的水平上显著为负，说明环境规制强度小时，绿色董事会对企业源头绿色治理策略的促进作用更强；而列（6）绿色董事会与环境规制的交乘项 *GB* × *MC* 的系数不显著，说明环境规制强度不会对绿色董事会与企业末端绿色治理策略之间的关系产生影响。出现这一结果的原因可能是：当环境规制较强时，企业为了获得合法性将自觉增加与环保直接相关的投资，此时绿色董事

会对末端治理策略的作用有限。而当环境规制强度较弱时，增加与环境保护直接相关的投资将会损害企业经济利益，而增加绿色创新投入有可能实现经济绩效与环境绩效的双赢（杨友才和牛晓童，2021），因此，绿色董事会将会促进企业将有限资源更多投入到源头治理当中。

4.4.2.4 绿色独立董事和绿色非独立董事的分类影响

本研究依据绿色董事会成员是否为独立董事构建绿色独立董事（IGB）与绿色非独立董事（UIGB）两个解释变量，分别带入模型（4－1）检验其对企业末端治理策略和源头治理策略的影响。若企业具有绿色独立董事（IGB）取值为1，否则为0；若企业具有绿色非独立董事（UIGB）取值为1，否则为0。表4－4中列（1）和列（2）中绿色独立董事（IGB）的系数显著为正，而列（4）中绿色非独立董事（UIGB）的系数不显著，表明绿色独立董事不仅促进企业采取末端治理策略，还能推动企业采取源头治理策略，而绿色非独立董事对企业源头治理策略的影响不显著，假设 H4－4a 成立。表4－4列（3）中绿色非独立董事（UIGB）的系数显著为正，列（4）中绿色非独立董事（UIGB）的回归系数不显著，表明绿色非独立董事仅对企业末端治理策略具有促进作用，对企业源头治理策略不存在显著影响。

表4－4   **绿色董事独立性的分类检验结果**

变量	(1) *Control*	(2) *Prevention*	(3) *Control*	(4) *Prevention*
IGB	0.125 * (0.072)	0.075 *** (0.026)		
UIGB			0.330 ** (0.166)	－0.016 (0.049)
Size	－0.110 *** (0.029)	0.175 *** (0.012)	－0.107 *** (0.029)	0.177 *** (0.012)

续表

变量	（1） Control	（2） Prevention	（3） Control	（4） Prevention
Lev	0.852 *** (0.189)	- 0.225 *** (0.073)	0.876 *** (0.189)	- 0.214 *** (0.073)
Roa	2.448 *** (0.581)	- 0.401 * (0.234)	2.453 *** (0.581)	- 0.411 * (0.234)
Cashflow	0.083 (0.461)	0.292 (0.191)	0.120 (0.460)	0.297 (0.192)
Growth	- 0.027 (0.081)	- 0.038 (0.029)	- 0.024 (0.082)	- 0.037 (0.029)
Age	- 0.290 ** (0.133)	- 0.098 ** (0.049)	- 0.286 ** (0.133)	- 0.099 ** (0.050)
Type	0.092 (0.069)	0.126 *** (0.027)	0.095 (0.068)	0.129 *** (0.027)
Indep	- 1.117 ** (0.508)	0.147 (0.244)	- 1.101 ** (0.508)	0.139 (0.245)
First	0.002 (0.002)	0.000 (0.001)	0.002 (0.002)	0.000 (0.001)
GDP	0.027 (0.124)	- 0.024 (0.059)	0.021 (0.124)	- 0.025 (0.059)
Market	0.025 (0.025)	0.020 * (0.011)	0.028 (0.025)	0.020 * (0.011)
常数项	3.273 ** (1.300)	- 3.387 *** (0.671)	3.299 ** (1.299)	- 3.372 *** (0.672)
Year	Yes	Yes	Yes	Yes
Ind	Yes	Yes	Yes	Yes
样本数	3611	3611	3611	3611
R^2	0.136	0.178	0.137	0.176

4.5 稳健性检验

4.5.1 倾向匹配得分法

为避免样本选择问题，本研究参考李青原和肖泽华（2020）的方法，使用倾向得分匹配法（PSM）进行匹配后再回归。首先，在不具有绿色董事会的样本中挑选与具有绿色董事会企业最为接近的企业，将绿色董事会（GB）作为被解释变量进行第一阶段的 Logit 估计，处理前各期的倾向得分进行平均，并以此作为匹配标准；然后使用 1∶1 近邻无放回抽样匹配，得到 2684 个样本。表 4 − 5 中列（1）和列（2）报告了匹配后的回归结果，绿色董事会均在 1% 的水平上正向显著，匹配后的回归结果与基准回归基本一致，表明在进行倾向得分匹配后，绿色董事会仍然能够对企业绿色治理策略产生显著影响，且对末端治理和源头治理都起到促进作用。

表 4 − 5　　　　　　　　　　　内生性检验结果

变量	(1) *Control*	(2) *Prevention*	(3) *GB*	(4) *Control*	(5) *Prevention*
GB	0. 199 *** (0. 075)	0. 127 *** (0. 028)		0. 523 ** (0. 206)	0. 128 * (0. 072)
IV			2. 153 *** (0. 076)		
Size	− 0. 071 ** (0. 036)	0. 134 *** (0. 015)	0. 011 (0. 007)	− 0. 119 *** (0. 030)	0. 173 *** (0. 012)

变量	(1) Control	(2) Prevention	(3) GB	(4) Control	(5) Prevention
Lev	0.602 *** (0.223)	-0.138 * (0.082)	0.141 *** (0.048)	0.805 *** (0.190)	-0.230 *** (0.073)
Roa	2.571 *** (0.682)	-0.218 (0.254)	-0.249 (0.126)	2.529 *** (0.581)	-0.387 * (0.234)
$Cashflow$	-0.294 (0.556)	0.301 (0.218)	-0.043 (0.126)	0.090 (0.461)	0.298 (0.191)
$Growth$	0.030 (0.095)	-0.042 (0.028)	0.004 (0.020)	-0.027 (0.081)	-0.037 (0.028)
Age	-0.238 (0.152)	-0.090 * (0.054)	0.021 (0.031)	-0.285 ** (0.133)	-0.097 ** (0.049)
$Type$	0.170 * (0.091)	0.084 ** (0.035)	0.009 (0.017)	0.076 (0.068)	0.124 *** (0.027)
$Indep$	-0.732 (0.624)	0.291 (0.254)	-0.158 (0.135)	-1.039 ** (0.510)	0.162 (0.243)
$First$	0.001 (0.003)	0.001 (0.001)	-0.000 (0.001)	0.002 (0.002)	0.000 (0.001)
GDP	0.020 (0.156)	0.066 (0.064)	-0.053 * (0.032)	0.028 (0.124)	-0.025 (0.058)
$Market$	0.041 (0.030)	0.015 (0.011)	0.006 (0.006)	0.027 (0.025)	0.021 * (0.011)
常数项	2.191 (1.607)	-3.511 *** (0.758)	0.432 (0.353)	3.219 ** (1.304)	-3.391 *** (0.669)
Year	Yes	Yes	Yes	Yes	Yes
Ind	Yes	Yes	Yes	Yes	Yes
样本数	2684	2684	3611	3611	3611
R^2	0.131	0.176	0.309	0.137	0.148

4.5.2　工具变量法

为进一步减少内生性对研究结论的影响，本研究参照戚聿东等（2023）的做法以企业同行业同地区的绿色董事占董事会总人数的比例均值（IV）作为绿色董事会（GB）的工具变量，并采用两阶段最小二乘法（2SLS）进行内生性检验。其中，表 4 - 5 中列（3）为以绿色董事会为被解释变量、引入工具变量作为解释变量的第一阶段回归结果，得到绿色董事会的拟合值后代入第二阶段回归，回归结果如表 4 - 5 中列（4）和列（5）所示。结果表明，当被解释变量为末端治理策略时，采用工具变量估计的绿色董事会系数在5% 的水平上依然显著为正；当被解释变量为源头治理策略时，采用工具变量估计的绿色董事会系数在 10% 的水平上依然显著为正。此外，不可识别检验和弱工具变量检验的统计结果表明，本研究不存在不可识别以及弱工具变量问题。综上，回归结果表明，在控制可能的内生性问题后，本研究的研究结论仍稳健。

4.5.3　调整变量度量方法

为了使研究结果更具稳定性，本研究分别调整被解释变量企业绿色治理策略以及解释变量绿色董事会的度量方式，进行研究结果的稳健性检验。具体来说，对于被解释变量，本研究参照武晨和王可第（2023）的做法，选取绿色专利申请数量作为源头治理策略的度量指标，选择将上文计算的扣除与新产品研发和技术创新等与绿色创新相关的环境治理投资总额，用营业收入进行标准化处理作为末端治理策略的代理变量。同样，为了增强数据可读性，本研究将标准化的结果乘以 100；对于解释变量，本研究选择绿色董事人数占董事会规模的比例作为绿色董事会的替换测量指标。表 4 - 6 中列（1）和列（2）报告了替换被解释变量的结果，绿色董事会（*GB*）与末端治理策略（*Control_income*）和源头治理策略（*Prevention_apply*）的结果均正向显著，与前文检验的结果一致。表4-6中列（3）和列（4）报告了替换解释变量的结果，绿色董事占比（*GBP*）与末端治理策略（*Control*）和源头治理策略（*Prevention*）的结果均在5%的水平上显著，与前文检验的结果一致。

表 4-6 替换变量的稳健性检验结果

变量	（1） *Control_income*	（2） *Prevention_apply*	（3） *Control*	（4） *Prevention*
GB	0.316 * (0.191)	0.063 ** (0.031)		
GBP			0.846 ** (0.330)	0.226 ** (0.110)
Size	-0.351 *** (0.097)	0.241 *** (0.015)	-0.115 *** (0.028)	0.174 *** (0.012)
Lev	2.655 *** (0.589)	-0.202 ** (0.088)	0.875 *** (0.189)	-0.213 *** (0.073)
Roa	4.460 ** (1.823)	0.056 (0.272)	2.450 *** (0.579)	-0.406 * (0.234)
Cashflow	-2.094 * (1.206)	0.290 (0.224)	0.079 (0.462)	0.294 (0.192)
Growth	-0.178 (0.229)	-0.048 (0.036)	-0.025 (0.081)	-0.037 (0.029)
Age	-1.296 *** (0.437)	-0.095 * (0.058)	-0.284 ** (0.133)	-0.097 ** (0.049)
Type	0.250 (0.193)	0.138 *** (0.034)	0.081 (0.068)	0.125 *** (0.027)
Indep	-4.103 *** (1.589)	-0.050 (0.278)	-1.076 ** (0.508)	0.154 (0.245)

续表

变量	(1) *Control_income*	(2) *Prevention_apply*	(3) *Control*	(4) *Prevention*
First	-0.001 (0.007)	0.001 (0.001)	0.002 (0.002)	0.000 (0.001)
GDP	0.923 ** (0.428)	-0.045 (0.068)	0.009 (0.124)	-0.030 (0.058)
Market	-0.120 (0.082)	0.021 (0.013)	0.028 (0.025)	0.021 * (0.011)
常数项	3.632 (4.235)	-4.730 *** (0.775)	3.464 *** (1.294)	-3.328 *** (0.668)
Year	Yes	Yes	Yes	Yes
Ind	Yes	Yes	Yes	Yes
样本数	3611	3611	3611	3611
R^2	0.215	0.231	0.139	0.177

4.6 研究结论与政策建议

4.6.1 研究结论

本研究发现：第一，绿色董事会与企业绿色治理策略正相关，即绿色董事会同时促进了企业末端环境治理和源头环境治理。第二，绿色董事会通过提高企业绿色关注水平促进企业绿色治理策略实施。第三，环境规制负向调节绿色董事会与企业源头治理策略的关系，但对绿色董事会与企业末端治理策略的关系不具备调节作用。第四，独立董事和非独立董事对企业绿色治理策略的影响具有差异性，绿色独董既能促进企业末端治理策略又能促进企业源头治理策略，而绿色非独董只能促进企业末端治理策略。

4.6.2　政策建议

根据本研究结论得出以下政策启示：第一，本研究发现，绿色董事会有助于董事会环保监督、环保资源提供、环保合法性建立等职能的发挥，可以向管理层传递企业需关注绿色环保的信息，最终助力企业绿色治理策略实施。相关研究结论可以引导监管部门重视绿色来源董事对企业行为可能产生的积极影响。第二，本研究发现，与绿色非独立董事相比，绿色独立董事不仅能够促进企业末端治理，更能促进企业实施源头治理策略。相关研究结论可以引导证券监管部门在建立健全独立董事设置、履职等机制的同时，重视发挥绿色独董的积极作用。第三，本研究结论为处于环境规制较弱地区的上市公司提供了聘请绿色董事以助力企业绿色治理策略实施的一个可行方案。当位于环境规制较弱地区时，企业可以通过引入绿色董事，尤其是绿色独立董事的方式推动企业绿色治理策略，特别是源头治理策略的实施。

第 5 章

明星高管与企业绿色治理*

　　本章基于企业绿色创新的视角，以 2012 ～
2022 年 A 股上市公司为样本，根据"年度经济人
物""中国上市公司最佳 CEO""中国最佳商业领
袖""中国最具影响力的 50 位商界领袖"等四项
榜单中的高管"明星"身份，采用 PSM 法研究明
星高管对企业绿色治理的影响。研究发现明星高
管显著促进了企业绿色创新水平；代理成本在明
星高管与企业绿色创新之间起到中介作用；公众
环保关注度和产权性质对明星高管与企业绿色创
新之间的促进关系起到正向调节作用。进一步研
究发现，明星高管不仅促进企业策略性绿色创新，
而且有助于企业实质性绿色创新。研究结论有助

* 参考徐建、韩慧敏：《明星高管对企业绿色创新的影响》，载《工业技术经济》2024 年第 2 期。

于促进企业绿色创新和明星高管研究，为企业通过选聘明星高管提高企业绿色创新水平提供参考。

5.1 问题的提出

改革开放以来，在中央政府的持续关注下，中国的环境治理取得重要进展。企业是经济发展的助推器，同时也是自然环境的破坏者，是环境治理的重要主体和关键行动者（李维安等，2017）。作为企业环境治理关键行为之一，绿色创新形成的绿色专利可以在生产经营活动过程中节约资源，提高能源效率，或者直接用于污染防治，而且对产业升级和转型都具有重要意义（Taklo et al.，2020）。然而，由于绿色创新独具的双重外部性，在实践中，企业主动进行绿色创新的动机较弱。为此，深入探索公司治理机制，进而提高企业高管的绿色创新意愿，实现企业绿色高质量发展就显得尤为必要和紧迫。

在媒体高度发达的网络时代，企业随时都接受着各种利益相关者的监督。相较于企业，企业高管的个人特征、经历等更受社会大众关注（刘江会等，2019）。出于迎合公众认知偏好和获取更多广告收入的动机，媒体热衷于推出企业界的"明星"高管榜单（于李胜等，2021）。明星高管榜单一经发布，社会各方的观点、情绪等在网络空间中迅速集聚、碰撞和流传，信息量呈爆炸式增长，明星高管会在极短时间内受到社会公众等各类利益相关者的关注。这对于高管而言是一把双刃剑，一方面，高管的自信、薪酬和议价能力等得到提升；另一方面，高管将面临更高的期望和更多的社会监督（Wade et al.，2006）。虽然已有研究开始关注明星高管对企业会计行为（于李胜等，2021；MalmendIer and Tate，2009；吕文栋等，2020；Li et al.，2022；Zhang and Cai，2023；Zhou et al.，2023）、企业责任行为（Li et al.，2023；Yin et al.，2023）和企业绩效（Wade et al.，2006）的影响，但明星高管对企业绿色创新所发挥的作用并未引起理论界的足够关注。

人类和企业的活动影响自然环境，并受到自然环境的影响，人类和企业对自然环境负有道德责任。因此在利益相关者中，自然环境起着至关重要的作用（Francoeur et al.，2017）。基于利益相关者代理理论（Yin et al.，2023），公司高管作为各方利益相关者的代理人，他们负责协调不同利益相关者的差异化需求，并实现自己利益的最大化。实施绿色创新战略，对高管来说是"昂贵"的，尽管从长期来看，可以为公司带来竞争优势，实现财务增长，但短期内环境目标与财务目标存在较大冲突（Flammer et al.，2019）。因此，当公司高管在分配资源进行绿色创新时，存在机会主义行为。但高管成名后对自己"明星"身份的认同会倾向于实施更多有利于利益相关者的道德行为（Lee et al.，2020），包括应对自然环境诉求的绿色创新行为。这是因为：一方面，更多的关注意味着对明星高管的更多约束与监督，明星高管所在企业实施不利于外部利益相关者的行为更容易被公众发觉；另一方面，明星高管相对于普通高管在心理上更加自信，也更偏好于高风险的活动（Hayward and Pollock，2004；Tang et al.，2015）。

基于此，本研究选择"年度经济人物""中国上市公司最佳CEO""中国最佳商业领袖""中国最具影响力的 50 位商界领袖"四项榜单中的高管为研究样本，实证检验了明星高管对企业绿色创新的影响。本研究首先采用倾向性得分匹配法对样本进行匹配，之后再使用普通最小二乘估计方法进行回归。研究发现明星高管显著促进了企业绿色创新水平；代理成本在明星高管与企业绿色创新之间起到中介作用；公众环境关注度和产权性质对明星高管与企业绿色创新之间的促进关系起到正向调节作用。进一步研究发现明星高管不仅促进企业策略性绿色创新，而且有助于企业实质性绿色创新。

本章内容可能研究贡献主要体现在：第一，丰富了明星高管带来的组织后果的相关研究。不同于已有文献都是关注明星高管对企业财务行为的负面影响，本研究从明星高管容易引起更多社会关注的角度探讨了明星高管对企业绿色创新的积极作用，并揭示了明星高管发挥积极作用的内在机理。第二，丰富了企业绿色创新影响因素的相关研究。不同于已有文献从外部环境（王馨和王营，2021）或高管特质（席龙胜和赵辉，2022）的内部要素方面探讨企业绿色创新的影响因素，本研究从明星高管角度探讨高管如何驱动企业绿色创新，研究结果表明明星身份增强了高管的动机和能力，进而促进企业绿色创新。第三，本章讨论了明星高管对企业绿色创新的影响在地区和企业产权层面的异质性，发现公众环保关注度和产权性质会调节明星高管对企业绿色创新的关系，补充了关于明星高管如何影响企业绿色创新的文献。

5.2　理论分析与研究假设

5.2.1　明星高管与企业绿色创新

　　明星高管是指享有很高社会认可度和关注度，可以获得来自公众的积极情绪反应的人（Lovelace et al.，2018）。已有研究关注了明星高管的特征，该类研究为探讨明星高管与企业绿色创新的关系奠定了基础，例如高管获奖会提升其过度自信、傲慢等个人特质（Hayward and Pollock，2004；Kubick and Lockhart，2017）；显著提高了心理特权感（Li et al.，2022）；但同时也带来了压力，增加了投资者对明星高管所在企业的更多期望（Wade et al.，2008）。关于明星高管与企业行为的研究，大多数文献从财务视角关注了明星高管对企业投资效率（Zhang and Cai，2023）、盈余管理（Malmendler and Tate，2009）、风险承担（吕文栋等，2020）、信息披露（于李胜等，2021）和财务不当行为（Li et al.，2022）的影响，少量文献从社会责任角度关注明星高管对内外部社会责任活动（Yin et al.，2023）和 ESG 绩效（Li et al.，

2023）的影响，鲜有文献探讨明星高管与企业绿色创新的关系及其作用机制，而这正是本研究关注的重点。

与一般创新相比，绿色创新具有更高风险、更大资金投入和更强外部性。公司实行绿色创新活动需要投入大量的资源和时间，同时在推向市场的过程中存在着大量的不确定性。此外，在短期内，实行绿色创新会降低实际和预期的财务业绩，较低的财务业绩将导致较低的高管薪酬。因此，出于理性人假设，高管因风险规避的考虑不会主动采取绿色创新，更不会主动实现企业绿色转型（王馨和王营，2021）。但高管作为企业的重要决策者，其认知、观点会影响整个企业的战略决策和发展方向。高管的明星身份使得高管享有很高的社会关注度，社会公众会对高管环境治理方面的决策施加更为严格的监督。本研究认为明星高管会实施更多企业绿色创新行为，具体原因如下：

首先，与其他高管相比，明星高管在绿色创新方面具有更强的动机。由于绿色创新高投入、高风险、收益滞后等特征，高管在实施绿色创新时意愿不足。基于角色认同理论和角色约束理论，一方面，明星高管基于对自己"明星"身份的认同，会倾向于实施更多有利于利益相关者的道德行为（Lee et al.，2020）。另一方面，高管成名后会面临更多的外部关注。随着社会大众的环保意识不断提升，公众越来越重视企业的绿色表现。在关键利益相关者和公众眼中，获得名人身份的高管被认为是具有高质量和可信度的成功企业领导者（Wade et al.，2006；Rindova and Pollock，2006）。所以，社会大众会产生明星高管所在的企业应该积极承担社会责任、绿色表现会更加完美、担任行业内的领头羊等高期望。更多的关注意味着更多的约束，高管以及企业的行为会受到无数"无形的眼睛"的监督。根据"爱惜羽毛假说"，高管为了持续获得"明星"身份的红利，加之中国独特的"好面子"文化背景的影响，明星高管会有更强烈的动机维护自己的良好声誉和形象，进而倾向于采取绿色创新行为来"投公众所好"。

其次，与其他高管相比，"明星身份"增强了高管在绿色创新方面的能力。高管成名后心理上会变得更加自信，获取更高的薪酬和更强的议价能力、提升了高管权威和话语权，他们对自己的能力与判断更加自信，而且也有足够的权力去实施自己的抱负。这些作用会促使高管倾向于采取高风险的方案（Hayward and Pollock，2004；Tang et al.，2015），绿色创新就是其中的一种选择。此外，明星高管需要通过绿色创新决策达到公众的高期望来维护自己的声誉。一旦企业达不到公众的期望，明星高管声誉崩塌可能会非常迅速、彻底（邵剑兵和吴珊，2019）。绿色创新能够满足明星高管对风险的追求、维护自己良好声誉和身份并应对外部监督。

综上所述，相较于非明星高管，明星高管更具备提高绿色创新水平的动机和能力。因此，本研究提出以下假设：

H5－1：明星高管会促进企业提高绿色创新水平。

5.2.2 代理成本的中介效应

高管作为所有利益相关者的代理人，不能仅仅为满足股东利益最大化而努力，而应尝试满足更广泛的利益相关者的诉求。但实行绿色创新战略需要投入大量的资源和时间，同时在短期内，实行绿色创新战略会降低实际和预期的财务业绩。鉴于环境绩效和财务绩效之间的冲突，实施绿色创新战略无法使企业在短期内获得实在的利益，在一定程度上会削弱高管的实施动力。

但明星身份在一定程度上通过减少高管的代理成本，增加了高管实施绿色创新的动机和能力。一方面，高管成名后，自身的极度自信会提升，同时也将面临更大的合法性压力（Li et al.，2023），这可以部分减弱高管在心理上对绿色创新风险承担的恐惧，增强其抗风险的意愿，抑制高管对短期私利的追逐。另一方面，高管成名后，所面临的社会公众和媒体以及投资者的关注增多，这些利益相关者会对高管环境治理方面的决策施加更为严格的监督。在此情况下，明星身份削弱了高管的机会主义行为，高管会积极实施绿色创新以响应众多利益相关者的诉求。因此，本研究提出以下假设：

H5 - 2：高管"明星"身份通过降低代理成本提高企业绿色创新水平。

5.2.3 公众环保关注度的调节作用

环境治理主体不仅包括企业、政府和社会组织，还包括社会公众，社会公众是环境治理的最广泛的参与者（李维安等，2017）。一方面社会公众能够通过公众舆论影响企业的环境治理行为，另一方面作为消费主体的社会公众也能够通过购买行为对企业的环境治理行为施加影响。可见，社会公众对环境的关注度越高，明星高管实施绿色创新行为的动机越强烈。

国家绿色发展战略的实施，不仅提高了社会公众的环保意识和监督动机，也使越来越多的公众加入环保实践工作中来，使环境保护成为公众广泛认可的道德规范（Kacperczyk，2009）。随着公众对环境的关注度提升，企业环境行为违规被发现的风险也越大。对"明星"身份的认同和维护良好社会声誉的动机，促使"明星高管"更容易采取"投公众所好"的行动。此外，社会公众的外部监督会"倒逼"企业开展合法合规的绿色创新活动，提升企业的绿色创新水平。因此，公众环保关注加强了明星高管对企业绿色创新的影响。据此，本研究提出以下假设：

H5 - 3：公众环保关注度正向调节明星高管对企业绿色创新的影响。

5.2.4 产权性质的调节作用

相比于非国有企业，国有企业受到更强的社会监督，社会公众对国有企业的环保责任期望更高。与之相对应，其国有企业的高管在成名后"负担"也更大。国有企业高管在"明星"身份和晋升激励加持下，有更强烈的动机维护自己的良好声誉和形象。因此，与非国有企业相比，国有企业明星高管对企业绿色创新的影响更强。据此，本研究提出以下假设：

H5 - 4：产权性质正向调节明星高管对企业绿色创新的影响。

5.3 研究设计

5.3.1 样本选取和数据来源

本研究选取 2012 ~ 2022 年我国 A 股上市公司作为初始样本。综合考虑媒体评选奖项的权威性、关注度和历年数据的可获得性，本研究手工收集了 2012 ~ 2022 年中国亚洲经济发展协会、《环球时报》等"年度经济人物"，《福布斯》"中国上市公司最佳 CEO"，《第一财经》"中国最佳商业领袖"，《财富》"中国最具影响力的 50 位商界领袖榜单"四项榜单的上榜高管作为明星高管的样本数据，其他数据来源于 Wind 数据库和 CSMAR 数据库。根据研究的需要，样本的筛选处理程序如下：①剔除金融行业的上市公司；②剔除 ST、* ST 特殊处理的上市公司；③剔除数据库中财务数据缺失的样本。最终可用的样本有 1479 个。为了消除极端值的影响，本研究对连续变量处于 0 ~ 1% 和 99% ~ 100% 的极端值样本进行缩尾（Winsorize）处理。

5.3.2 变量测量

5.3.2.1 被解释变量：绿色创新（GI）

对于企业微观个体层面的绿色创新水平主要采用企业当期绿色发明型专利申请量与绿色实用型专利申请量之和来衡量。其中，绿色专利的分类采用世界知识产权组（WIPO）于 2010 年发布的《国际专利分类绿色清单》中的 IPC 分类号为分类标准。由于专利通过最终审查并授予需要花费大量时间，存在滞后性，企业申报专利就可以表明已经进行了创新活动。所以，本研究参考王馨和王营（2021）的做法，将绿色专利申请数量加 1 后取自然对数作为企业绿色创新的代理变量。

5.3.2.2　解释变量：明星高管（StarTM）

本研究借鉴醋卫华和李培功（2015）的做法，将是否入选媒体发布的高管榜单作为明星高管的代理变量，如果公司高管当年入选明星榜单，则为 1，否则为 0。榜单具体包括中国亚洲经济发展协会、《环球时报》等"年度经济人物"，《福布斯》"中国上市公司最佳 CEO"，《第一财经》"中国最佳商业领袖"，《财富》"中国最具影响力的 50 位商界领袖榜单"四项。考虑到从高管成为明星高管，到做出绿色创新决策，再到有绿色创新成果需要耗费一定的时间，所以，将明星高管做滞后一期处理。

5.3.2.3　中介变量：代理成本（Mfee）

借鉴戴亦一等（2016）的研究，将经营费用率作为代理成本的度量指标，即（销售费用 + 管理费用）除以营业收入。

5.3.2.4　调节变量：公众环境关注度（Pc）和产权性质（Soe）

本研究借鉴杨柳等（2020）的做法，以"环境污染"为关键词在百度指数趋势分析中检索，计算各地区各年的均值为公众环保关注度（Pc）的代理变量。借鉴于连超等（2019）的做法，国有企业取 1，否则取 0，构成 Soe 这一指标衡量企业产权性质。

5.3.2.5　控制变量

参考醋卫华和李培功（2015）、李青原和肖泽华（2022）、李江雁和邹立凯（2022）的研究，本研究在企业特征方面选择公司规模、员工规模、公司年龄、产权性质、市场绩效、现金流水平和总资产净利率作为控制变量；在企业所处地区方面，选择人均 GDP 作为控制变量；在公司治理方面，选择管理层平均年龄和管理层薪酬作为控制变量。此外，还同时控制了行业和年度效应。此外，还同时控制了行业和年度效应。具体变量定义如表 5 - 1 所示。

表 5 - 1　　　　　　　　　　　　　　变量定义

变量名称	变量符号	变量定义
企业绿色创新	GI	绿色发明专利申请数量与绿色实用新型专利申请数量之和取自然对数
明星高管	StarTM	明星高管为 1，否则为 0
公司规模	Size	期末总资产的自然对数
员工规模	Labor	员工人数的自然对数
公司年龄	Age	公司成立年限的自然对数
产权性质	Soe	国有公司为 1，非国有公司为 0
市场绩效	TobinQ	所有者权益和负债的市场价值之和/账面总资产
现金流水平	Cfo	经营活动现金流量净额/资产总额
总资产净利率	ROA	净利润/总资产平均余额
管理层平均年龄	Tmtage	董监高年龄的平均数
管理层薪酬	Tmtpay	前三名高管薪酬总额的自然对数
人均 GDP	Gdp	当年地区人均国内生产总值的自然对数
代理成本	Mfee	(销售费用 + 管理费用)/营业收入
公众环保关注度	Pc	以"环境污染"为关键词在百度指数趋势分析中检索数量的均值
行业	Ind	行业控制变量
年度	Year	年度控制变量

5.3.3　PSM 样本选择

媒体按照其标准评选高管的过程不完全是客观的，会受到企业所处行业、高管采取主动行为等多重因素的影响，同时绿色创新水平高也可能是高管入选榜单的原因之一。这些因素可能会导致明星高管与非明星高管之间存在自选择问题。本研究使用倾向得分匹配法（PSM），为实验组匹配对照组样本来缓解这种问题。借鉴马尔门迪尔和塔特（Malmendier and Tate，2009）、吕文栋等（2020）的做法，选择公司市值、账面市值比、公司规模、资产负债率、公司绩效、高管年龄、高管任期、行业和年份作为匹配变量。借鉴于李胜等（2020）的匹配方法，运用 Logit 回归，进行有放回的、1 对 4 最近邻匹配，最终得到 1479 个匹配观测值。为了确保匹配的有效性，用 pstest 命令进行平衡性检验，结果显示匹配后所有协变量的 t 检验结果均远远大于 10%，表明所有协变量均通过平衡性测试，见表 5 - 2。

表 5 - 2　　　　　　　　匹配后的明星高管分年度分榜单统计

榜单	2012年	2013年	2014年	2015年	2016年	2017年	2018年	2019年	2020年	2021年	2022年	总计
年度经济人物	2	0	0	0	0	3	0	0	0	2	2	9
福布斯	13	26	34	39	46	29	26	0	26	39	46	324
财富	13	13	9	10	10	8	15	12	11	14	18	133
最佳商业领袖	0	0	0	1	1	1	0	0	0	1	0	4
总计	28	39	43	50	57	41	41	12	37	56	66	470

注：四个奖项涉及 439 名高管，其中 31 名高管在同一年被评选为多个奖项。

5.3.4　模型设定

本研究构建模型（5 - 1）检验明星高管对企业绿色创新的影响。

$$GI_{i,t+1} = \beta_0 + \beta_1 StarTM_{i,t} + \beta_2 Size_{i,t} + \beta_3 Labor_{i,t} + \beta_4 Age_{i,t} + \beta_5 Soe_{i,t}$$
$$+ \beta_6 TobinQ_{i,t} + \beta_7 Cfo_{i,t} + \beta_8 ROA_{i,t} + \beta_9 Tmtage_{i,t} + \beta_{10} Tmtpay_{i,t}$$
$$+ \beta_{11} Gdp_{i,t} + Ind_i + Year_t + \varepsilon_{i,t} \qquad (5 - 1)$$

为了检验代理成本对于明星高管和企业绿色创新之间的中介效应，构建模型（5-2）和模型（5-3）。

$$Mfee_{i,t+1} = \beta_0 + \beta_1 StarTM_{i,t} + \beta_2 Size_{i,t} + \beta_3 Labor_{i,t} + \beta_4 Age_{i,t} + \beta_5 Soe_{i,t}$$
$$+ \beta_6 TobinQ_{i,t} + \beta_7 Cfo_{i,t} + \beta_8 ROA_{i,t} + \beta_9 Tmtage_{i,t} + \beta_{10} Tmtpay_{i,t}$$
$$+ \beta_{11} Gdp_{i,t} + Ind_i + Year_t + \varepsilon_{i,t} \qquad (5-2)$$

$$GI_{i,t+1} = \beta_0 + \beta_1 StarTM_{i,t} + \lambda_1 Mfee_{i,t+1} + \beta_2 Size_{i,t} + \beta_3 Labor_{i,t} + \beta_4 Age_{i,t}$$
$$+ \beta_5 Soe_{i,t} + \beta_6 TobinQ_{i,t} + \beta_7 Cfo_{i,t} + \beta_8 ROA_{i,t} + \beta_9 Tmtage_{i,t}$$
$$+ \beta_{10} Tmtpay_{i,t} + \beta_{11} Gdp_{i,t} + Ind_i + Year_t + \varepsilon_{i,t} \qquad (5-3)$$

为了进一步研究公众环保关注度和产权性质对明星高管与企业绿色创新关系的调节效应，引入调节变量与明星高管的交互项，构建模型（5-4）。

$$GI_{i,t+1} = \beta_0 + \beta_1 StarTM_{i,t} + \mu_1 StarTM_{i,t} \times Mod_{i,t} + \mu_2 Mod_{i,t} + \beta_2 Size_{i,t}$$
$$+ \beta_3 Labor_{i,t} + \beta_4 Age_{i,t} + \beta_5 Soe_{i,t} + \beta_6 TobinQ_{i,t} + \beta_7 Cfo_{i,t} + \beta_8 ROA_{i,t}$$
$$+ \beta_9 Tmtage_{i,t} + \beta_{10} Tmtpay_{i,t} + \beta_{11} Gdp_{i,t} + Ind_i + Year_t + \varepsilon_{i,t} \qquad (5-4)$$

模型中的 i、t 分别代表企业和年份，$Mod_{i,t}$ 为调节变量，表示公众环保关注度（Pc）和产权性质（Soe）。

5.4　实证结果分析

5.4.1　描述性统计

表 5-3 报告了全样本中主要变量的描述性统计结果。GI 的均值为 0.930，标准差为 1.476，表明样本企业在绿色创新水平方面差异较大。$StarTM$ 的均值为 0.270，表明在 PSM 匹配后的样本 1479 个观测值中有 27% 的企业高管登上了《福布斯》《第一财经》《财富》等媒体评选的高

管榜单。

表 5 - 3   描述性统计结果

变量	观测值	均值	标准差	最小值	中位数	最大值
GI	1479	0.930	1.476	0	0	7.062
StarTM	1479	0.270	0.442	0	0	1
Size	1479	23.820	1.644	19.022	23.544	28.509
Labor	1479	9.050	1.532	4.007	8.959	13.254
Age	1479	2.900	0.337	1.386	2.944	3.664
Soe	1479	0.400	0.489	0	0	1
TobinQ	1479	2.980	2.417	0.711	2.213	22.321
Cfo	1479	0.080	0.084	-0.268	0.076	0.839
ROA	1479	0.100	0.087	-0.120	0.079	1.285
Tmtage	1479	50.580	3.413	38.500	50.470	61.040
Tmtpay	1479	15.170	1.170	0	15.074	18.584
Gdp	1479	11.270	0.448	9.849	11.310	12.156

5.4.2 基准回归结果分析

表 5 - 4 中列（1）和列（2）是全样本基准回归结果，其中列（1）是控制了年度和行业虚拟变量的结果，列（2）是在列（1）的基础上加入控制变量的结果。无论是列（1）还是列（2），明星高管的回归系数均为正，且在1%的置信水平上显著。结果表明，明星高管与企业绿色创新正相关，假设H5 - 1得到验证。这主要是因为：与非明星高管相比，明星高管更具绿色创新的动机和能力，有助于提高绿色创新水平。

表 5 - 4   明星高管对企业绿色创新的影响

变量	GI			
	(1)	(2)	(3)	(4)
StarTM	0.527 *** (4.98)	0.369 *** (4.09)	0.318 *** (3.58)	0.420 *** (4.38)
Pc			0.007 *** (5.34)	
StarTM × Pc			0.004 * (1.85)	
Soe		0.069 (0.75)	0.072 (0.81)	0.108 (1.15)
StarTM × Soe				0.597 *** (2.83)
Size		0.423 *** (8.92)	0.464 *** (9.78)	0.417 *** (8.76)
Labor		0.046 (1.08)	−0.005 (−0.11)	0.051 (1.21)
Age		0.092 (0.72)	0.148 (1.16)	0.047 (0.38)
TobinQ		−0.019 (−1.40)	−0.018 (−1.34)	−0.017 (−1.22)
Cfo		0.710 (1.25)	0.723 (1.28)	0.657 (1.16)
ROA		−1.562 *** (−2.88)	−1.701 *** (−3.17)	−1.566 *** (−2.88)
Tmtage		−0.049 *** (−4.09)	−0.042 *** (−3.42)	−0.051 *** (−4.25)
Tmtpay		0.051 * (1.72)	0.037 (1.29)	0.049 * (1.71)
Gdp		0.165 * (1.78)	−0.004 (−0.04)	0.156 * (1.69)

续表

变量	GI			
	(1)	(2)	(3)	(4)
常数项	0.514 * (1.76)	- 9.687 *** (- 7.40)	- 9.153 *** (- 7.09)	- 9.295 *** (- 7.20)
Ind	Yes	Yes	Yes	Yes
Year	Yes	Yes	Yes	Yes
样本数	1364	1364	1364	1364
R²	0.132	0.328	0.344	0.334

注: * 、 ** 、 *** 分别代表 10% 、5% 、1% 的显著性水平,括号内为标准误,下表同。

5.4.3　影响机制检验

明星高管影响企业绿色创新的机制的回归结果如表 5 - 5 所示。列 (2) 是明星高管对代理成本的回归结果,回归系数为 - 0.017,且在 5% 的置信水平上显著,表明高管的明星身份可以降低代理成本;列 (3) 是将明星高管与代理成本同时代入回归模型的结果,其中明星高管的系数为正,且在 1% 的置信水平上显著;并且代理成本的回归系数为负,且在 1% 的置信水平上显著。两者的联合回归结果表明代理成本在明星高管与企业绿色创新之间起到了中介作用,即高管的“明星”身份通过降低代理成本的路径提升企业绿色创新水平,研究假设 H5 - 2 得到验证。

表 5 - 5　　　　　　明星高管影响企业绿色创新的机制检验

变量	GI	Mfee	GI
	(1)	(2)	(3)
StarTM	0.369 *** (4.09)	- 0.017 ** (- 2.327)	0.353 *** (3.903)

续表

变量	GI	Mfee	GI
	(1)	(2)	(3)
Mfee			-0.798 *** (-3.127)
Size	0.423 *** (8.92)	-0.032 *** (-8.052)	0.397 *** (7.886)
Labor	0.046 (1.08)	0.013 *** (3.094)	0.062 (1.371)
Age	0.092 (0.72)	0.010 (0.917)	0.119 (0.928)
Soe	0.069 (0.75)	-0.017 ** (-2.271)	0.056 (0.603)
TobinQ	-0.019 (-1.40)	0.009 *** (3.992)	-0.009 (-0.645)
Cfo	0.710 (1.25)	0.163 *** (2.787)	0.973 * (1.673)
ROA	-1.562 *** (-2.88)	-0.087 (-1.322)	-1.742 *** (-3.147)
Tmtage	-0.049 *** (-4.09)	0.003 ** (2.283)	-0.047 *** (-3.894)
Tmtpay	0.051 * (1.72)	0.011 *** (4.158)	0.058 * (1.934)
Gdp	0.165 * (1.78)	0.008 (0.913)	0.172 * (1.823)
常数项	-9.687 *** (-7.40)	0.319 ** (2.493)	-9.513 *** (-7.051)
Ind	Yes	Yes	Yes
Year	Yes	Yes	Yes
样本数	1364	1335	1335
R^2	0.328	0.359	0.334

5.4.4　调节效应检验

表 5-4 中列（3）和列（4）分别是加入调节变量公众环保关注度和产权性质的回归结果。其中，列（3）是在基准回归的基础上加入公众环保关注度与明星高管的交互项的结果，明星高管与公众环保度交互项的回归系数为 0.004，且在 10% 水平上显著，表明公众环保关注度对明星高管与企业绿色创新的关系起到正向调节作用，研究假设 H5-3 得到验证。这是因为公众环保关注度越高的地区，明星高管面临着更高强度的绿色行为监督，因此进行绿色创新的动机更为强烈。列（4）是在基准回归的基础上加入产权性质与明星高管的交互项的回归结果，明星高管与产权性质交互项的回归系交互性的回归系数为 0.597，且在 1% 水平上显著，表明企业产权性质正向调节了明星高管与企业绿色创新之间的关系，研究假设 H5-4 得到验证。这主要因为，相较于非国有企业，社会公众对国有企业明星高管的关注更高，对他们提升企业绿色创新水平的期望也更强。

5.5　稳健性检验

5.5.1　替换自变量的度量方式

为了使研究结果更具稳定性，本研究调整自变量的度量方式，进行研究结果的稳健性检验。具体而言，使用高管当年登上榜单的次数取自然对数作为明星高管的代理变量（Cstar）重新代入基准回归模型进行检验。实证结果如表 5-6 中列（1）所示，Cstar 的系数为正，并且在 1% 的置信水平上显著，与前文的实证结果基本一致。

表 5 - 6 　　　　　　　　　　稳健性检验回归结果

变量	GI	HGI	Star TM	GI
	OLS		IV-2SLS	
	(1)	(2)	(3)	(4)
CstarTM	0. 586 *** (4. 53)			
StarTM		0. 257 *** (3. 27)		0. 397 *** (3. 92)
IV			0. 986 *** (123. 76)	
Size	0. 414 *** (8. 75)	0. 452 *** (10. 12)	0. 017 ** (2. 49)	0. 422 *** (9. 00)
Labor	0. 044 (1. 05)	0. 132 *** (3. 34)	- 0. 003 (- 0. 35)	0. 045 (1. 07)
Age	0. 086 (0. 68)	- 0. 295 *** (- 2. 79)	0. 014 (0. 76)	0. 091 (0. 72)
Soe	0. 084 (0. 92)	0. 003 (0. 04)	- 0. 039 ** (- 3. 12)	0. 074 (0. 82)
TobinQ	- 0. 021 (- 1. 53)	- 0. 045 *** (- 2. 81)	- 0. 004 (1. 58)	- 0. 020 (- 1. 47)
Cfo	0. 718 (1. 27)	- 0. 233 (- 0. 44)	- 0. 158 ** (- 1. 75)	0. 727 (1. 29)
ROA	- 1. 561 *** (- 2. 90)	- 2. 303 *** (- 3. 96)	0. 265 ** (2. 81)	- 1. 580 *** (- 2. 94)
Tmtage	- 0. 049 *** (- 4. 07)	- 0. 028 ** (- 2. 46)	- 0. 001 (- 0. 32)	- 0. 049 *** (- 4. 15)
Tmtpay	0. 048 * (1. 65)	0. 013 (0. 54)	- 0. 003 (- 0. 99)	0. 050 * (1. 73)

续表

变量	GI	HGI	Star TM	GI
	OLS		IV-2SLS	
	（1）	（2）	（3）	（4）
Gdp	0.169 * (1.81)	0.303 *** (3.45)	-0.003 (-0.24)	0.166 * -9.650 ***
常数项	-9.484 *** (-7.27)	-11.815 *** (-10.11)	-0.310 (-1.56)	(-7.47) 0.422 ***
Ind	Yes	Yes	Yes	Yes
Year	Yes	Yes	Yes	Yes
样本数	1364	1364	1364	1，364
R²	0.332	0.511	0.823	0.328

5.5.2 替换因变量的度量方式

参照李青原和肖泽华（2020）的研究，本研究使用企业获得授权的绿色专利申请量取自然对数作为企业绿色创新（HGI）的代理变量，重新代入前文的基准回归模型进行检验。实证结果如表 5-6 中列（2）所示。其中，明星高管的系数为正，并且在 1% 的置信水平上显著，与前文的实证结果保持一致。

5.5.3 工具变量法

考虑到可能存在遗漏变量等内生性问题，本研究通过寻找工具变量并且使用两阶段最小二乘估计法解决内生性问题。由于自变量为滞后一期的明星高管，使用滞后一期的同年份同行业同地区明星高管的均值为工具变量。由于被媒体评选为明星高管会受到所处行业、地区等各种因素的影响，前一期获奖的高管已经受到了媒体的关注，那么也会增加同等条件下再获奖的概率，会影响当期高管获奖，但是对企业绿色创新没有直接的显著影响。实证结果见表 5-6 中列（3）和列（4）。列（3）为第一阶段回归结果，工具变量的回归系数为 0.986，且在 1% 的置信水平上显著，表明之前获奖的高管会增加当期同等条件下高管获奖的概率；列（4）为第二阶段结果，明星高管的回归系数为正，并且在 1% 的置信水平上显著。以上结果表明，在考虑内生性问题后，前文主效应的回归结果仍然成立。

5.6　进一步分析

根据高管实施绿色创新的动机可将绿色创新分为策略性创新和实质性创新（王馨和王营，2021），实质性创新是以推动企业技术进步和获取竞争优势为目的的"高质量"的创新行为；策略性创新是以谋求其他利益为目的，通过追求创新"数量"和"速度"来迎合政府监管的创新策略。为了验证明星高管对企业绿色创新的分类影响，本研究参考王馨和王营（2021）的做法，将企业绿色创新分为实质性绿色创新（*Sub*）与策略性绿色创新（*Stra*）两个方面，企业申请发明专利的行为认定为实质性创新，把企业申请实用新型专利和外观设计专利的行为认定为策略性创新。实证结果如表 5-7 中列（1）和列（2）所示。由结果可知，无论是策略性创新还是实质性创新，明星高管的系数均为正，且在 1% 的置信水平上显著。以上结果表明高管的明星身份不仅有助于提高企业策略性绿色创新水平，也有助于提高企业实质性绿色创新水平。

表 5 - 7   进一步分析

变量	Sub	Stra
	(1)	(2)
StarTM	0.321 *** (3.901)	0.323 *** (4.428)
Size	0.390 *** (9.219)	0.296 *** (8.325)
Labor	0.034 (0.896)	0.037 (1.214)
Age	0.096 (0.854)	0.101 (1.033)
Soe	0.126 (1.521)	− 0.080 (− 1.188)
TobinQ	− 0.017 (− 1.494)	− 0.018 * (− 1.685)
Cfo	0.606 (1.159)	0.516 (1.224)
ROA	− 1.424 *** (− 2.862)	− 0.864 ** (− 2.137)
Tmtage	− 0.043 *** (− 3.913)	− 0.035 *** (− 3.774)
Tmtpay	0.041 (1.530)	0.048 ** (2.344)
Gdp	0.167 ** (1.962)	0.098 *** (1.468)
常数项	− 9.423 *** (− 7.930)	− 6.772 *** (− 6.713)
Ind	Yes	Yes
Year	Yes	Yes
样本数	1364	1364
R^2	0.327	0.305

5.7 研究结论与对策建议

5.7.1 研究结论

随着"双碳"目标的提出，企业绿色创新行为受到大量关注。那么，明星高管是否会驱动企业绿色创新行为？目前，国内对于此方面研究比较匮乏。为此，本研究以"年度经济人物""中国上市公司最佳 CEO""中国最佳商业领袖""中国最具影响力的 50 位商界领袖"四项榜单中的明星高管为研究对象，实证检验了明星高管对企业绿色创新的影响及其作用机制。研究发现：第一，明星高管显著促进了企业绿色创新水平，可能原因在于高管的明星身份提高了高管推动企业绿色创新的动机和能力。第二，机制检验发现，代理成本在明星高管与企业绿色创新关系中起到中介作用，即高管的明星身份是由于降低了高管的机会主义行为，进而增加了其绿色创新的动机和能力。第三，调节效应发现，公众环保关注度正向调节明星高管与企业绿色创新的关系，这是因为公众环保关注度越高，明星高管进行绿色创新的压力和动力越强；产权性质正向调节了明星高管与企业绿色创新的关系，是由于与非国有企业相比，国有企业明星高管的环保责任更重，增加了高管的绿色创新动力。第四，进一步研究发现，明星高管同时促进企业策略性绿色创新和实质性绿色创新。

5.7.2 政策建议

基于本研究成果，可以得到以下启示。第一，提高权威明星高管榜单的数量和质量。一是在保证权威性的前提下，社会媒体可以进一步提升高管榜单的数量。为了提升高管明星榜单的效果，可以尝试由政府、企业和社会组织联合评选和发布，不仅提高明星榜单的权威性，而且增强社会公众对明星榜单以及所入选高管的监督。二是尝试推出特定行业、特定领域的明星榜单，比如绿色高管榜单、ESG 榜单，以进一步提升明星高管的示范效应。第二，企业通过选聘明星高管提升企业绿色创新水平。虽然通常情况下明星高管的薪酬高于普通高管，但本研究发现高管"明星"身份可以减少高管的机会主义等代理成本，因此企业可以根据自身的绿色发展战略，结合企业发展状况灵活地选聘明星高管。

下　篇
企业 ESG 高质量发展

　　在"双碳"目标和实现共同富裕背景下，环境、社会和公司治理（ESG）越来越受到学术界和实务界的关注。ESG 是可持续发展理念的具象化表达，如何发挥 ESG 的指引作用，激励投资者和企业更加重视社会责任和可持续生态建设是公司治理领域研究的核心问题。本篇系统梳理了企业 ESG 的内涵及其发展，界定了企业 ESG 背离的内涵，并从政府环保导向和投资者角度实证检验了官员走访和投资者绿色关注对企业 ESG 背离的影响。

第 6 章

企业 ESG 的内涵与发展

本章通过文献梳理了环境、社会和公司治理（ESG）研究的主要脉络和框架：首先，从 ESG 的起源与发展探究了 ESG 的本质与内涵；其次，从微观、中观和宏观三个层面梳理了 ESG 的影响因素；最后，从企业行为和财务绩效两个方面对 ESG 的影响效果进行了梳理与分析。在此基础上，本研究对未来研究进行了展望并搭建了分析 ESG 的研究框架，为推动国内研究与国际前沿接轨提供了有益参考。

6.1 ESG 的演进脉络及其内涵研究

6.1.1 ESG 的演进脉络

6.1.1.1 ESG 的萌生

ESG 可以看作是企业社会责任投资（SRI）的衍生概念。而社会责任投资概念的形成可以追溯到 20 世纪的道德投资，这种投资通常由以宗教信仰和价值观驱动为基础的机构进行，如教堂、慈善机构和非政府组织，有很强的宗教色彩和伦理观念。1987 年，"可持续发展"一词首次出现于世界环境与发展委员会发表的报告中，而后一系列环保法案随之制定，社会责任投资也迎来了蓬勃发展阶段。在这一时期，社会责任投资主要采取负面筛选原则，排除不重视人权保障、不重视环保以及生产烟草、酒类或从事赌博的企业。到了 20 世纪 90 年代，特别是在美国，重点已转向企业社会责任投资，其特点是社会目标、环境目标与财务目标相结合（Eccle and Viviers，2011），这在一定程度上预示着 ESG 理念的萌生。

6.1.1.2 ESG 的提出与发展

2004 年，联合国全球契约组织（UNGC）首次明确提出 ESG，是指关注企业环境、社会和治理绩效而非财务绩效的投资理念和企业评价标准。2006年，联合国发起了负责任投资原则（PRI），并将负责任投资定义为：将 ESG 风险因素纳入投资决策和积极所有权的战略和做法。这是一项自愿性的倡议，旨在鼓励投资者将环境、社会和治理问题作为投资决策的一部分。至此，

ESG 理念被全面推广普及，社会各界人士开始呼吁企业披露 ESG 信息，并倡导在投资过程中将 ESG 纳入投资决策。ESG 披露则可以看作是可持续性信息披露的发展和衍生。可持续性是布伦特兰（Brundtland）于 1987 年提出的一个概念，而后埃尔金顿（Elkingtion，1998）创造并推广了在衡量组织的成功时需要考虑经济、社会和环境的三重底线原则。至此，很多企业开始披露除财务信息外的环境和社会等非财务信息。直到全球报告倡议组织（GRI）倡议并推广代表可持续性的"环境、社会和治理"维度的 ESG 标准，企业有了披露框架，ESG 披露体系也逐步完善。但在伊始，企业披露 ESG 信息是一种自愿行为，缺乏统一的披露标准，因而企业往往选择披露对自己有利的信息，而隐藏对环境保护和气候变化等不利影响，这使得企业很可能利用 ESG 报告进行"漂绿"。此外，还存在着 ESG 评级标准不统一的问题，不同评级机构采用的衡量框架存在显著差异，对 ESG 结构有着不同的解释，在可持续方面的侧重点也有所不同（Widyawati，2020）。这可能会导致目标企业在一家评级机构的 ESG 分数较高，而应用另一家评级机构的评级体系却得到较低的 ESG 分数。ESG 评级标准的差异会大大降低 ESG 信息的相关性和可比性，从而得到并不客观真实的结果。2017 年，欧盟委员会第 95/2014 号指令旨在鼓励成员内的企业传达"高质量、相关、有用、一致和更具可比性的非金融（环境、社会和治理相关）信息"，该指令的实施意味着从自愿披露环境向强制性披露环境的过渡。2020 年 9 月，全球报告倡议组织（GRI）、可持续性会计准则委员会（SASB）、全球环境信息研究中心（CDP）、气候披露标准委员会（CDSB）和国际综合报告委员会（IIRC）五个主导机构联合发布了构建统一 ESG 披露标准的计划。这将使 ESG 信息更具可比性，有助于对 ESG 实践结果进行检验。另外，在 CFA 协会的一项调查中，3/4 的受访者表示，他们在投资决策中考虑了 ESG 问题；根据摩根士丹利资本国际"2021 年全球机构投资者调查"结果显示，73% 的机构投资者计划到 2021 年底增加 ESG 投资。围绕 ESG 展开的一系列立法活动和投资活动极大地促进了 ESG 的完善和发展。

6.1.2 ESG 的内涵研究

从 ESG 的发展脉络可以看出，ESG 是从社会责任投资、可持续性信息披露中萌生的，它要求投资者在投资过程中整合 ESG 信息，并以此来激励企业具有长远眼光，希望企业进行更多 ESG 相关实践。因此本书从企业和投资者两个参与者角度出发，认为可以从可持续发展报告的工具和社会责任投资的原则两个视角理解 ESG 的概念和内涵，如表 6-1 所示。首先，从企业的角度出发，ESG 可被看作披露可持续性信息的工具。很多学者认为 ESG、企业社会责任（CSR）、可持续性可以被视为同义词，而这些概念也常常被混用，缺乏清晰度。通过对比不同概念发现，虽然 ESG 与 CSR、可持续性等密切相关，但 ESG 不等同于这些概念，企业披露有关 ESG 信息更多的是向公众传递企业的 CSR 和可持续性成果。其次，从投资者的角度来看，ESG 可被视为社会责任投资的原则。在投资分析中整合可持续性标准（特别是 ESG 评级）的

表 6-1 ESG 相关概念辨析

主体	代表性研究	主要观点
企业	奥雷利等（Aureli et al.，2020）	ESG 报告可被看作财务报告的补充工具，是非财务信息的重要组成部分，可以更好地反映企业的可持续性经营状况
	塔米米和塞巴斯蒂亚内利（Tamimi and Sebastianelli，2017）	ESG 在金融部门和学术界广泛用于代表组织的可持续性，是企业披露社会责任和可持续性的工具
投资者	威德娅娃蒂（Widyawati，2020）	ESG 是建立 SRI 市场的基本要素，为 SRI 提供了合法性并推动 SRI 发展
	莱热（Leins，2020）	ESG 是负责任投资的一种形式，需要投资者在投资过程中评估整合环境、社会、治理信息

资料来源：笔者根据相关文献整理。

做法被称为负责任投资或社会责任投资（SRI）。在文献中，还有其他几个类似于社会责任投资的概念，如可持续投资、负责任投资等，也旨在将 ESG 因素纳入投资决策。虽然这些概念在学术界缺乏一致性和标准化，但通过对比不同概念的定义和应用情景可以发现，其投资原则都是在做出投资决策时综合考虑环境、社会以及经济等影响，与涵盖环境、社会和治理三个维度的 ESG 密切相关。

国内既有研究对 ESG 概念的阐述大多基于国外 ESG 的研究展开，例如，高杰英等（2021）基于负责任投资的发展脉络，认为 ESG 策略是指经济主体综合考虑环境、社会和治理进行投资决策的广义投资策略；黄世忠（2021）将 ESG 视为评价企业可持续发展状况、政府进行干预和管制以及企业社会责任履行的依据和方法；李小荣和徐腾冲（2022）认为 ESG 既包括 ESG 评级或得分，还包括 ESG 政策、ESG 实践和 ESG 信息披露等，是监管机构制定 ESG 政策→企业进行 ESG 披露→评级机构进行 ESG 评价→投资者整合 ESG 信息进行投资决策的完整体系。苏畅和陈承（2022）基于新发展理念对中国情境下的 ESG 内涵进行诠释：企业遵循创新、协调、绿色、开放、共享的新发展理念，在环境、社会和治理等方面最大限度地创造价值，以增进社会福利的意愿、行为和绩效。

6.2 ESG 的影响因素研究

6.2.1 基于企业特征的研究分析

6.2.1.1 行业性质

不同行业对环境、社会和治理三个维度的关注度和侧重点有所不同。加西亚等（Garcia et al.，2017）认为环境敏感行业（石油、天然气、公用事业和采矿部门等）给社会带来的外部性主要表现在对环境造成的不可逆影响上。随着公众和政府部门对这些行业在生产过程中废物和污染排放问题的关注度日渐提高，由于监管压力，企业进行 ESG 活动的重心会放在环境维度，而餐饮行业则会重点关注社会和环境两个维度。餐饮业尤其快餐行业主要受到营养不良以及针对学龄前儿童和儿童等弱势群体进行营销的批评，因此快餐业会出于管理声誉和吸引投资等经济动机开展 ESG 活动（Kim et al.，2018）。

6.2.1.2　企业规模

研究表明规模更大、盈利能力更强、知名度更高的企业更重视 ESG 问题（Yu et al.，2018）。这是因为规模较大的企业通常容易受到来自媒体、非政府组织和监管机构在 ESG 问题上的各种监督压力，这就要求企业在制定战略时考虑 ESG 问题，以减轻这些压力（Wong et al.，2021）。此外，大企业出于对企业价值的考虑更倾向于主动披露 ESG 信息，中小企业恰恰相反，中小企业披露更多的环境信息必然导致资本成本的增加，因此对 ESG 信息披露显现消极态度（Gjergji et al.，2021）。

6.2.1.3　财务状况

一些学者认为，业绩表现良好的企业可以在 ESG 活动中投入更多资源，因此企业的财务状况会对 ESG 绩效产生促进作用（Li et al.，2022）。相反，达斯古普塔（Dasgupta，2022）认为，当企业的财务业绩低于预期收益时，企业会调整战略部署，从而更多地进行 ESG 实践，并通过实证验证了财务绩效不佳对企业 ESG 绩效的正向影响。值得注意的是，企业财务状况只有在企业 ESG 绩效较低以及 ESG 约束较低的情境下才会对 ESG 产生影响（Li et al.，2022；Dasgupta，2022）。同时，达斯古普塔和罗伊（Dascupta and Roy，

2023）指出，企业财务绩效与 ESG 之间的关系很大程度上受到法律、文化、社会和经济制度环境的调节作用。

6.2.2 基于公司治理因素的研究分析

6.2.2.1 股权结构

目前学术界关于股权结构与 ESG 之间的关系研究尚存在一些争议。拉伊莫等（Raimo et al.，2020）通过对 152 家国际公司样本分析表明，机构投资者持股会对企业 ESG 信息披露质量产生积极影响，而股权集中度、高管持股和国有控股将产生负面影响。富阿达等（Fuadah et al.，2022）以印度尼西亚上市公司为对象进行实证研究发现，外资企业和公有制企业出于合法性策略将披露更多的 ESG 信息，然而国有制企业和家族企业对 ESG 信息披露没有显著影响。希拉等（Shira et al.，2023）研究表明，机构投资者持股会对企业 ESG 绩效产生积极影响，而该种正向关系是由长期压力不敏感和短期压力敏感的机构投资者驱动的。

姜等（Jiang et al.，2022）应用中国上市公司样本对机构投资者与企业 ESG 实践之间的关系进行分析，研究表明机构投资者可以通过直接参与公司治理和实地考察两种方法提高 ESG 信息披露质量，进而影响企业可持续发展战略。王等（Wang et al.，2022）认为国有企业和非国有企业的 ESG 披露动机以及披露重点都有所不同，国有企业具有政治主体和市场主体的双重身份，因而首先考虑国家政策和社会影响，其次考虑经济回报。而与国有企业不同，非国有企业只有市场参与者的身份，其 ESG 披露的主要目的是获得更高的经济利益。因此，国有企业会按照国家发展方向开展 ESG 实践，而非国有企业则更关注利益相关者的需求。王等（Wang et al.，2022）研究发现，多个大股东的持股结构可以产生"监督效应"，进而显著提高 ESG 披露水平。陈晓珊和刘洪铎（2023）通过对中国上市公司样本进行实证分析表明，机构投资者持股可以通过增强企业绿色创新、伦理文化和内部控制质量三条路径提升企业 ESG 表现。然而，雷雷等（2023）研究发现，共同机构持股将增加合谋舞弊的可能，降低企业 ESG 表现。

6.2.2.2 董事会

现有关于董事会对 ESG 影响效果的研究主要是从以下三个方面展开：第一，董事会规模。研究表明，董事会规模越大，企业披露 ESG 信息的可能性越大、ESG 披露得分也越高（Tamimi and Sebastianelli，2017）。大规模董事会信息更加丰富，可以提高董事会决策咨询质量，因此董事会规模较大的企业会更有效地执行 ESG 政策（Broadstock et al.，2019）。第二，独立董事。独立董事是促进企业披露 ESG 信息的另一有效影响因素，独立董事成员的独特技能、专业知识和关系网络将会为企业提供包括环境、社会等人力资本和关系资本，从而有助于企业 ESG 活动的开展（De Masi et al.，2021）。第三，董事会多样性。董事会成员的性别多样性与 ESG 存在显著的正相关关系，女性董事往往会规避风险，采取决策和行为来减少信息不对称，进而提高 ESG 信息披露透明度（Wasiuzzaman and Wan Mohammad，2020）。然而，也有部分文献持有不同观点，认为女性董事与 ESG 披露呈负相关关系（Husted and Sousa-Filho，2019）。出现这种分歧的原因可能是，一些企业聘用女性董事仅是为了合规而采取的象征性做法，因此女性董事无法提出自己的意见。此外，一些学者还对女性董事的数量与 ESG 之间的关系进行检验，研究表明增加女性董事将有助于提高 ESG 的披露水平，且女性董事人数的增加对 ESG 得分的各个组成部分都会产生积极的影响（De Masi et al.，2021）。另有学者也对董事会性别比例与 ESG 披露水平之间的关系进行了实证研究，研究发现董事会女性成员占董事会成员的 22%～50%时，对 ESG 信息披露产生促进作用；在高于 50%或者低于 22%时将会产生抑制作用（Buallay et al.，2022）。

6.2.2.3 经理层

第一，高管的多重身份。CEO 往往不仅是企业高管这一个身份，通常也是其他独立基金董事会的成员，企业高管跨领域的决策是相互依赖的，因此企业 ESG 的执行效果必须从其额外角色所提供的跨领域薪酬和授权动态来看（Lungeanu and Weber, 2021）。伦贾努和韦伯（Lungeanu and Weber, 2021）研究发现，企业 ESG 得分较高企业的高管往往更少加入慈善性独立基金，相反 ESG 得分较低的企业高管出于补偿心理更倾向于参加公益性基金活动。第二，高管的能力。高管的业务能力和受教育程度是决定其做出何种决策的重要因素，更加专业、受教育程度更高的管理者在做出决策时往往较多地考虑环境和社会效应，从而促进 ESG 的发展（Escrig-Olmedo et al., 2013）。第三，高管的个人特征。研究表明，自恋程度高的 CEO 出于强化他们自我形象的目的，会披露更多 ESG 信息，但其虚荣心可能会导致他们只在意"面子工程"，并非真正关心 ESG 实践效果，也不会给予过多指导与管理（Xie et al., 2019）。第四，激励机制。一方面，高管薪酬结构可以成为一个有效的工具，将高管激励和代表"共同利益"的 ESG 行为结合起来（Yu et al., 2018）。另一方面，债权激励是激励高管具有长期眼光的重要手段。养老金福利和递延薪酬等债务类薪酬已经成为高管薪酬的重要组成部分，研究表明当 CEO 持有大量内部债务时，他们会选择 ESG 作为风险管理工具以期望获得长期利益（Buchanan et al., 2021）。还有研究从 CEO 的职业关注出发，实证研究发现任期短、薪酬结构以长期为导向的 CEO 会增加企业在 ESG 方面的投资（Kim and Kim, 2023）。

6.2.3 基于外部环境因素的研究分析

6.2.3.1 经济环境

首先，经济全球化背景下的跨国经济活动是影响 ESG 的一个重要因素。

现有研究表明，当一个企业进行国际化活动时，由于对目标企业所在的国家文化、政治以及经济情况不甚了解，非财务信息的重要地位就会凸显出来，跨国上市企业比那些只在本国资本市场上市的企业披露更多的 ESG 信息，以减轻在国外资本市场上的监管压力（Haque，2017）。其次，绿色投资和绿色债券等绿色金融活动的开展是影响 ESG 的另一重要经济因素。绿色投资，即具有明确的环境使命的投资，作为全球环境可持续性运转的一部分，在专业投资领域一直处于上升趋势，这也是金融部门向负责任和 ESG 投资转型的一部分（Yan et al.，2019）。绿色投资与 ESG 之间的关系受到国家政策的调节，较强的 ESG 政策会削弱绿色投资与企业 ESG 绩效之间的正向关系，而较强的股东保护政策则强化了两者之间的关系（Yan et al.，2021）。绿色债券的发行可以被视为企业进行环境友好型投资和改变自身 ESG 状况的一种手段。唐和张（Tang and Zhang，2020）研究表明，绿色债券可以通过融资改善环境并增进社会福利，进而提高 ESG 水平，而且企业现有股东还可以从股票发行中获得净收益。ESG 的影响因素研究见表 6-2。

表 6-2　　　　　　　　　ESG 的影响因素研究

不同层面	影响因素	数据来源	主要结论	代表性文献
企业特征	行业性质	金砖国家上市企业	环境敏感企业的"环境"维度	加西亚等（Garcia et al.，2017）
		调查问卷	餐饮行业 ESG 重点聚焦"环境"和"社会"维度	基姆等（Kim et al.，2018）
	企业规模	MSCI 全球国家指数上市企业	规模越大的企业越重视 ESG	于等（Yu et al.，2018）
	财务状况	中国 A 股上市企业	财务状况良好的企业可以在 ESG 活动中投入更多资源，进而促进 ESG 绩效	李等（Li et al.，2022）
		汤森路透数据库上市企业	当企业财务业绩低于预期时，企业会进行战略调整，进行 ESG 活动	达斯古普塔（Dasgupta，2022）

续表

不同层面	影响因素	数据来源	主要结论	代表性文献
公司治理	股权结构	国际上市企业	机构投资者持股对 ESG 信息披露质量产生积极影响；所有权集中度、高管持股和国有控股则产生负面影响	拉伊莫等（Raimo et al.，2020）
		印度尼西亚上市企业	外资控股和公有制控股将促进 ESG 信息披露；国有控股和家族企业与 ESG 信息披露之间不存在相关关系	富阿达等（Fuadah et al.，2022）
		中国上市企业	多个大股东的持股结构可以产生"监控效应"，进而显著提高 ESG 披露水平	王等（Wang et al.，2023）
	董事会	日本上市企业	董事会规模较大的企业会更有效地执行 ESG 政策	布罗德斯托克等（Broadstock et al.，2019）
		意大利上市企业	独立董事可以促进企业进行 ESG 活动	德马西等（De Masi et al.，2021）
		马来西亚上市企业	女性董事可以促进 ESG 信息披露	瓦西乌扎曼和万穆罕默德（Wasiuzzaman and Wan Mohammad，2020）
	经理层	标准普尔指数上市企业	高管的多重身份会影响企业 ESG 行为	伦贾努和韦伯（Lungeanu and Weber，2021）
		调查问卷	高管的个人素质对 ESG 活动起到促进作用	埃斯克里格·奥尔梅多等（Escrig-Olmedo et al.，2013）
		彭博社数据库上市企业	较为自恋的 CEO 会披露更多 ESG 信息	谢等（Xie et al.，2019）
		美国上市公司	合理的薪酬结构体系会促进 ESG 发展	布坎南等（Buchanan et al.，2021）

不同层面	影响因素	数据来源	主要结论	代表性文献
外部环境	经济环境	汤森路透数据库上市企业	跨国上市的企业将会披露更多的 ESG 信息	哈克（Haque，2017）
		彭博社数据库绿色投资基金	绿色投资可以促进 ESG 发展	颜等（Yan et al.，2019）
		彭博社数据库绿色债券	绿色债券可以提高企业 ESG 水平	唐和张（Tang and Zhang，2020）
	社会环境	意大利中小企业	员工、中介机构、竞争对手等广泛利益相关者都会影响企业 ESG 战略选择	塞尔瓦托等（Salvatore et al.，2021）
	法制环境	意大利上市企业	由于法规只对最低标准做出要求，所以法规对 ESG 绩效没有影响	柯达佐等（Cordazzo et al.，2020）

资料来源：笔者根据文献整理。

6.2.3.2 社会环境

在全球环境和社会挑战日益加剧背景下，社会公众越来越关注 ESG 的质量和结果（Liu et al.，2023）。而来自员工、供应商、投资者、竞争对手、政府等利益相关者的压力会迫使企业进行 ESG 管理（Nofsinger and Varma，2014）。埃斯波西托等（Espostio et al.，2021）将利益相关者分为契约利益相关者（顾客、供应商、员工和投资者）以及社会利益相关者（政府、大学等中介机构和竞争对手）两类，探究了利益相关者对企业 ESG 战略的影响。结果表明，员工、中介机构（大学和研究中心）以及竞争对手等社会公众都会影响企业 ESG 战略选择。翟胜宝等（2022）研究发现，媒体关注可以通过加强企业内部控制和强化外部监督两种渠道提升企业 ESG 信息披露质量。何等（He et al.，2023）研究发现，媒体报道可以通过增加分析师注意力和降低代理成本提高企业 ESG 绩效。

6.2.3.3 法制与政策环境

制度理论表明，企业的环境和社会责任行为受到制度环境的调节，包括公共法规、相应的企业行为制度化规范，以及不同行业参与者及其协会之间的关系（Yan et al.，2021）。自可持续发展理念提出以来，世界各国针对环境、人权保障等作出了立法要求，而企业则会由于社会期望和监管压力进行ESG 实践。但目前 ESG 披露采取自愿原则，然而，对 ESG 披露的几项研究表明，自愿报告的信息质量相当差，与有效性、负责任的行为不符，是一种象征性的管理做法（Michelon et al.，2015），因此研究人员和监管机构都开始呼吁强制 ESG 报告。欧盟委员会 2017 年颁布的指令的实施意味着从自愿披露环境向强制性披露环境的过渡。但柯达佐等（Cordazzo et al.，2020）研究表明，法令对 ESG 绩效并未产生影响，因为法规只对最低标准做出要求，赋予企业高度的自由裁量权，因此有待制定更加完善和严厉的制度来统一 ESG标准。

陆和程（Lu and Cheng，2022）将"新环保法"作为外生变量，采用双重差分的方法评估了环境规制对企业 ESG 绩效的影响，结果表明环境规制改善了国有企业的 ESG 绩效。2016 年，中国人民银行等七部门《关于构建绿色金融体系的指导意见》，在此之后宣布了一系列重要的政策、倡议和规则，以促进 ESG 投资。张等（Zhang et al.，2021）通过实证检验发现，ESG 投资在 2016 年以前并不引人注目，2016 年为绿色投资的"分水岭"，在 2016 年以后，ESG 知名度较高的股票获得了显著更高的回报。环保税则是引导企业不断提高 ESG 治理效能、防范环境公共产品引起的市场失灵的另一重要手段。李和李（Li and Li，2022）考察了中国的环境保护税对企业 ESG 绩效和绿色技术创新的影响，结果表明中国环保税能够极大提高企业环保绩效和绿色创新水平。王冶等（2023）研究发现低碳政策的实施将显著提升企业 ESG 表现。

6.3 ESG 的影响后果研究

6.3.1 ESG 的经济后果

ESG 通常被看作一种长期挑战，需要在生态和经济之间做出权衡取舍，因此 ESG 与企业价值之间的关系一直存在争议（Bhaskaran et al.，2020）。通过梳理发现，ESG 的经济后果主要分为两种效应：一是风险效应。首先，ESG 降低股价崩盘风险。冯等（Feng et al.，2022）研究表明更高的 ESG 评级反映了更透明的信息环境，可以减少坏消息囤积，进而降低股价崩盘风险。其次，ESG 缓解尾部风险。良好的 ESG 表现可以提高顾客和员工的忠诚度，减轻企业突然受到的负面冲击，从而缓解尾部风险（Shafer and Szado，2019）。最后，ESG 抑制违约风险。阿蒂夫和艾丽（Atif and Ali，2021）证明 ESG 信息披露可以通过提高盈利能力、降低债务成本进而抑制违约风险。二是价值效应。首先，ESG 可以降低成本从而提高短期财务绩效。现有研究表明，ESG 绩效与债务成本、股权成本、资本成本、股利政策、政府及绿色债券利差存在负相关关系（Ng and Rezaee，2015；Crifo et al.，2017；Immel et al.，2021），且 ESG 认证能够降低企业的资本成本，进而显著增加托宾 Q 值（Yu et al.，2018）。其次，ESG 战略可以吸引投资者进而提高企业长期价值。越来越多的投资者将 ESG 纳入投资决策，因此企业进行 ESG 实践有助于提高融资效率（Amel-Zadeh and Serafeim，2018）。值得注意的是，由于大多数投资者在整合 ESG 信息时采用负面筛选的原则（Amel-Zadeh and Serafeim，2018），因此投资者对 ESG 效果的反应出现了一种不对称效应，投资者对不良 ESG 实践披露的反应比对良好 ESG 披露反应更大（Crifo et al.，2017），这将直接反映到企业股权融资效果上，ESG 做得好可能会带来微弱优势，但 ESG 做得差会显著降低股价。故而有学者认为 ESG 披露与企业价值之间的关系为适度正相关，即只有披露在适度水平，而不是较高或较低的水平，ESG 与企业价值才存在着正相关关系（Buchanan et al.，2021）。

国内一些学者论证了 ESG 的正向作用，如陈等（Chen et al.，2023）研究表明可以将 ESG 披露视为一个积极信号，并通过满足机构投资者偏好和缓解风险两种路径帮助企业建立声誉，进而提高了中国股票市场的流动性；席龙胜和赵辉（2022）发现企业 ESG 信息披露可以通过"信息效应"和"投资者情绪效应"降低信息不对称程度和抑制投资者情绪两种方式降低股价崩盘风险。与此同时，还有一些学者持有不同观点，王等（Wang et al.，2022）应用中国上市公司样本实证检验发现，ESG 筛选通过排除具有良好风险收益特征的股票而损害了投资组合价值。

6.3.2 ESG 的非经济后果

企业 ESG 战略可以成为创新和竞争优势的有力来源（Porter and Kramer，2007）。首先，ESG 可以激发企业创新活力（Tamimi and Sebastianelli，2017）。布罗德斯托克等（Broadstock et al.，2019）指出，随着企业对 ESG 标准的遵从性增强，企业的创新能力也随之增强。然而，企业创新能力与 ESG 之间并不是简单的线性关系，存在一个临界 ESG 水平，超过该临界值后，影响变为负值，呈现出一种非线性的倒"U"形关系（Broadstock et al.，2019）。其次，ESG 可以形成长期竞争优势。企业在参与改善 ESG 的过程中，能够在企业内部创造独特的资源和知识，从而提高 ESG 战略的产出，同时通过这种互动，发展可持续的竞争优势（Battisti et al.，2022）。形成此种竞争优势的机制有两种：一是减少信息不对称。ESG 提供了非财务信息信号，并加强了与利益相关者的公共关系和沟通，缓解了信息不对称，减少了不确定性（Houqe et al., 2022）。二是获得合法性。ESG 实践成为一个企业的核心竞争力的一部分并根植于该组织时，它们可以提高企业的合法性，并可能最大限度地减少企业的系统风险，从而在激烈的市场竞争环境中脱颖而出（Albino-Pimentel et al., 2021）。ESG 的影响后果研究见表 6-3。

表 6-3 　　　　　　　　　　　　ESG 的影响后果研究

影响后果	影响效应	数据来源	主要结论	代表性文献
经济后果	风险效应	中国上市企业	ESG 降低股价崩盘风险	冯等（Feng et al., 2022）
		美国上市企业	ESG 缓解尾部风险	谢弗和萨罗（Shafer and Szado, 2019）
	短期价值效应	美国非金融机构	ESG 抑制违约风险	阿蒂夫和艾丽（Atif and Ali, 2021）
		马来西亚上市企业	ESG 认证可以降低企业资本成本，进而提高企业价值	翁等（Wong et al., 2021）
	长期价值效应	问卷调查	ESG 战略可以吸引投资者	阿梅尔-扎德和塞拉菲姆（Amel-Zadeh and Serafeim, 2018）
非经济后果	创新能力	日本上市企业	在适当水平上 ESG 可以促进企业创新，超过临界值后 ESG 将抑制企业创新活动	布罗德斯托克等（Broadstock et al., 2020）
	竞争优势	100 家美国和欧洲世界 500 强企业	ESG 能够创造独特的资源和知识，从而形成可持续性竞争优势	巴蒂斯蒂等（Battisti et al., 2022）

资料来源：笔者根据文献整理。

在薄弱的制度环境和不透明的 ESG 披露制度下，企业可能会通过媒体报道来利用 ESG 意识进行"漂绿"。曹等（Cao et al., 2022）研究表明，那些在媒体企业社会责任（CSR）排行榜上排名靠前的中国上市公司往往有更高的广告（销售）费用和较差的环境绩效。这一观察表明，一些公司投机地利用媒体来美化自己的形象，希望获得经济租金；面对 ESG 政策企业会采取两种类型的企业社会责任战略（实质性战略和象征性战略）维持合法性。然而钟等（Zhong et al.，2022）发现中国资本市场对实质性策略和象征性策略的慈善反应不存在明显不同。这表明企业会可能出于形象管理目的利用 ESG 理念进行"漂绿"。

6.4　总结与展望

本研究对发表于国内外的相关文献进行了系统梳理，并在此基础上对 ESG 相关研究进行了分类归纳，从而明晰了关于 ESG 相关研究的发展现状。本研究从 ESG 的起源出发，梳理了 ESG 的发展过程，并在此基础上尝试对 ESG 的内涵做出解释。此外，本研究探讨了 ESG 的前因变量和结果变量，对 ESG 的影响因素和作用效果进行了梳理总结。总体而言，现有研究形成了许多具有价值的研究成果，关于 ESG 的研究涵盖了广泛的内容，但是也存在着一些不足。据此，本研究对未来研究提出以下展望。

第一，深化对 ESG 影响因素的相关研究。首先，在宏观环境层面缺少技术环境对 ESG 的影响相关探讨。我们已经进入以石墨烯、基因、虚拟现实、量子信息技术、可控核聚变、清洁能源以及生物技术为技术突破口的第四次科技革命时代，这场革命将有助于解决工业革命带来的污染问题，带来一场"绿色变革"。在此时代背景下，技术革新将有助于推动 ESG 的发展，而 ESG 也会促进企业技术创新过程，未来可对技术变革与 ESG 之间的关系进行深入研究。其次，虽然目前学术界对 ESG 影响因素的研究涉及微观、中观和宏观三个层面，但在研究中缺少跨层次的分析方法。例如，已有学者从公司治理角度对 ESG 的影响因素进行了分析，但并未对制度环境背景和行业环境背景进行区分。从而造成已有公司治理与 ESG 关系的研究停留在微观公司层面，没有进一步拓展到中观行业层面以及宏观制度环境层面。

第二，拓展 ESG 的影响后果的相关研究。本研究通过对 ESG 主题相关文献梳理总结发现，目前研究大多从 ESG 带来的经济效果角度出发来检验 ESG 的有效性。然而 ESG 作为衡量可持续发展和企业社会责任的指标以及"绿色"和负责任的投资理念，其带来的可持续性绩效是不可忽视的研究话题。未来研究可进一步探讨：践行 ESG 是否带来了可持续性绩效以及环境、社会和治理等问题是否得以改善？此外，ESG 理念要求企业在日常经营活动中不仅要追求财务回报，还应更广泛地考虑包括社会、环境以及治理问题，这无疑会直接影响企业的发展战略以及发展方向。未来研究可以通过观察同一行业及相同规模下不同 ESG 评级的企业的战略方向以及一段时间后的价值变动，进而探讨企业面对 ESG 所做出的战略调整及其对企业价值的影响。

第三，丰富中国情境下 ESG 的相关研究。通过上述梳理可以发现，目前 ESG 相关文献已经初步呈现较为完善的研究体系，但大多数文献基于发达市场对 ESG 进行研究，然而新兴经济体可能会优先考虑资本积累而没有认识到 ESG 带来的潜在收益。而且各国之间的制度、文化和监管存在差异，国家背景可能会对 ESG 的前因和结果变量起到调节作用。因此结合中国独特的制度和社会背景，有必要对中国情境下的 ESG 进行深入研究。另外，推动 ESG 发展所带来的正外部性很可能会促使国家主权财富基金用于构建可持续的投资组合，从而带动散户基金投资整合 ESG。

第 7 章

企业 ESG 背离与 ESG 高质量发展

政府对环保问题的高度关注，虽然会使企业更加关注 ESG 的环境责任，但同样可能引起企业激励机制的扭曲，尤其是那些面临资源约束的企业，导致这些企业优先发展政府更为偏好的环境责任，从而对其他 ESG 承诺产生负的外部性。因此，政府环保导向下的企业 ESG 背离，既不利于企业 ESG 的高质量发展，也有碍于"双碳"目标和资本市场"高质量发展"的顺利实现。经济周期反复，中国企业要想实现 ESG 高质量发展，必须正视这一问题。

7.1　企业 ESG 背离的引入

7.1.1　企业 ESG 背离的演进脉络

随着资源紧张、环境污染等问题和新冠疫情的出现，ESG 和可持续发展成为全球共同关注的话题。在中国，中共十八大将生态文明建设纳入"五位一体"的总体布局，中共十九大进一步提出要推进"绿色发展"，坚持人与自然和谐共生。在 2020 年明确 2030 年实现碳达峰以及 2060 年之前实现碳中和的目标下，中共二十大报告更是强调"中国式现代化是人与自然和谐共生的现代化"。在此背景下，关注企业环境保护和社会责任履行的 ESG 成为近年来学术研究的热点话题。与发达经济体相比，新兴市场的中国更加侧重以各个利益相关者为中心，会综合考虑环境、社会和经济等一系列因素，因而也就具有更为明显的动机推动 ESG。然而，目前 ESG 指标体系尚未形成统一的标准，且存在重视总体评价忽略维度关联等问题，导致在行动依据不够的情况下，企业会根据内外部环境改变利益相关者的优先顺序并权衡不同的 ESG 责任，从而产生对 ESG 的"厚此薄彼"现象。

中国在"双碳"目标驱动下，ESG 更多地被理解为"环境解决方案"，在实践中 ESG 背离通常表现为企业积极承担环境责任、消极响应其他 ESG 责任（包括股东责任和社会责任等）。例如，某中药类上市公司 2018 年获评"中国绿金企业 100 优"，随后被创始人掏空公司后资产转移，未能忠实履行基本的股东责任；某肥料类上市公司获得"2019 年度中国上市公司环境贡献奖"，被曝在 2015～2018 年进行财务造假，严重损害其他利益相关者的利益。与此同时，南方周末中国企业社会责任研究中心的数据也显示，ESG 风险按照维度分析呈现"不平衡三角"现象，仅以 2022 年 2 月为例，236 件 ESG 风险事件中环境维度的风险要明显低于其他两个维度的风险。由此可见，利益相关者群体并非一个整体（王鹤丽和童立，2020），企业会根据利益相关者的不同诉求权衡 ESG 目标，但这种权衡会因为优先履行某项责任而对其他 ESG 承诺产生负的外部性（Jiang et al.，2023）。

从中国式现代化的角度，ESG 是落实"双碳"目标、实现共同富裕以及高质量发展战略的一个重要抓手，ESG 背离这种反常的责任履行行为不利于国家战略理念的贯彻和实现。然而，关于"双碳"背景下企业 ESG 背离行为尚缺乏文献展开深入研究。与 ESG 背离比较接近的文献主要有两类：一类是从漂洗视角考察企业是否履行 ESG 在某一维度方面的责任，尤其是环境责任（Wickert et al.，2016），例如，企业是否虚假宣传绿色产品的"漂绿"行为（Busch and Hoffmann，2009）、是否夸大披露环保投入（Du et al.，2010）等；另一类是从掩饰视角考察企业是否为了股东利益最大化，选择用承担社会责任来掩饰企业的环境问题，例如吴等（Wu et al.，2021）在对中小企业公司的慈善捐赠行为研究时，发现企业会主动使用慈善捐赠来美化环境不端行为；伊力奇等（2023）研究发现中国企业在社会责任履行中存在环境掩饰行为。上述两种视角的研究都是基于股东利益最大化的观点，而"双碳"背景下企业"厚环境责任而薄其他 ESG 责任"这一背离行为，却与股东利益最大化观点相左，对治理责任和社会责任的消极承担未必能提升企业价值，却增加了企业 ESG 行为的不确定性和复杂性，也使其由于不同利益相关者目标冲突的加剧而面临的风险增加。

随着"双碳"目标的逐步推进，从 ESG 目标权衡角度来识别企业 ESG 背离行为、探讨 ESG 背离行为的形成机制并提出风险防范的政策体系，是当下需要研究的一个重要议题。

7.1.2　企业 ESG 背离概念的形成

在社会责任框架下，已有研究对企业社会责任的差异化进行了考察，为企业 ESG 背离的内涵界定提供了研究基础。现有研究发现，企业的社会责任行为存在"不一致"现象，即企业在不同类型的社会责任中分别表现出"负责"与"失责"，造成了整体上负责与失责的并存。围绕此类现象，现有文献从多种角度出发，提出了企业伪善、社会责任悖论、"漂绿"和"背离"等多种概念（肖红军等，2013；李增福等，2016；伊力奇等，2023；Zeng et al.，2023；Du et al.，2023）。伴随着企业和投资者越来越重视 ESG 表现，ESG 框架已经成为评估和指导企业可持续发展的重要工具，现有基于社会责任框架所进行的责任不一致研究，在解释 ESG 框架下的新现象和新问题时逐渐乏力。

ESG 框架下企业的责任行为是统筹兼顾股东利益和其他利益相关者利益（黄世忠，2021），让所有的利益相关者实现共赢。基于 ESG 框架的理论观点，ESG 需要同时关注环境责任、社会责任和治理责任，但利益相关者群体并非一个整体（王鹤丽和童立，2020），因此实践中企业会根据内外部环境改变利益相关者的优先顺序并权衡不同的 ESG 责任维度，从而产生对 ESG 的"厚此薄彼"现象，即企业 ESG 背离（李维安等，2022；徐建等，2023）。通常意义上讲，企业会优先承担治理责任（徐建等，2023），但在强大的制度压力和政府环保导向下，企业会选择优先履行环境责任而消极履行治理责任或社会责任，这种类型的 ESG 背离现象是以下章节的研究侧重点。

政府导向下的企业 ESG 背离与 ESG 报告"漂绿"（黄世忠，2022）和通常意义上的企业"漂绿"（姚琼等，2022）有所差别。ESG 报告"漂绿"是对碳排放的相关数据进行漂洗或夸大（黄世忠，2022）；企业"漂绿"是企业主动地去影响甚至操纵环境，或是被动地进行选择性披露、虚假披露以及转移利益相关者注意力。中国在政府环保导向下，ESG 更多地被理解为"环境解决方案"，在实践中 ESG 背离通常表现为企业积极承担环境责任、消极响应其他 ESG 责任（包括股东责任和社会责任等）。与企业 ESG 背离比较接近的术语是"空绿企业"（李维安等，2022）和绿色治理背离（李维安等，2024）。

7.2 企业 ESG 背离的理论基础

7.2.1 社会责任不一致的研究

在社会责任研究框架下，已有较多研究从企业责任行为的内部视角出发，考察了企业在履行不同类型的社会责任时的差异化问题，并发现企业会对某些类型的社会责任表现为负责，却对另一些社会责任表现为失责，造成了整体层面负责与失责并存的"不一致"现象。海明威和麦克拉根（Hemingway and Maclagan，2004）发现承担社会责任可以降低股东关注度，帮助高管掩盖公司治理问题。随着这类研究的深入，越来越多的学者发现利益相关者的利益诉求差异问题可能是引发社会责任不一致的重要因素之一。默雷和沃格尔（Murray and Vogel，1997）使用效应层次模型分析不同的利益相关者对企业社会责任承担的反应，发现不同的利益相关者期望企业承担的社会责任存在差异，甚至部分利益相关者并不认同企业承担社会责任。基姆和里昂（Kim and Lyon，2015）发现市场上的投资人将环境责任承担视为不利经营因素，致使积极履行环保责任的企业不愿完全披露环境信息。

具体到中国情境，李增福等（2016）研究发现，中国民营企业的社会责任行为具有明显的策略性。也有学者从其他角度进行了研究，并提出了类似的概念，例如邹洁和武常岐（2015）认为不同的企业会倾向于某些特定的社会责任却无视其他方面的社会责任，并称之为社会责任的"选择性参与"。伊力奇等（2023）研究发现中国企业在社会责任履行中存在环境掩饰行为。杜等（Du et al.，2023）基于 2011～2019 年中国上市公司样本，实证研究发现被环境处罚但存在慈善捐赠的"伪善"公司，被出具非标审计意见的概率更高。尹等（Yin et al.，2023）以 2005～2015 年中国上市公司为研究对象，研究发现存在明星 CEO 的公司为了个人声誉，更倾向于承担环境责任等外部社会责任，而较少承担员工责任等内部社会责任。曹等（Cao et al.，2023）以 2010～2019 年中国上市公司为研究对象，研究发现外部社会责任与内部社会责任间差距越大，越不利于公司的财务绩效和运营绩效。

7.2.2　利益相关者理论

自利益相关者理论提出以来（Freeman，1984），学者们愈发认识到，公司治理在强调维护股东利益的同时，也应兼顾各利益相关方利益，进而鼓励企业承担社会责任。随着资源紧张和环境污染等问题的出现，学者们开始在社会责任框架下关注企业环境责任。但以往研究通常只是关注到企业责任承担的某一个维度，未能将环境责任、社会责任和治理责任进行整合考虑。ESG 是在企业利益相关者理论的基础上发展起来的，是一种在投资决策中将企业环境、社会和治理表现纳入考虑的投资理念（王琳璐等，2022），因而 ESG 的本质是统筹兼顾股东利益和其他利益相关者利益（黄世忠，2021），让所有利益相关者实现共赢（聂辉华等，2022）。

基于利益相关者理论的包容性观点，ESG 需要同时关注环境责任、社会责任和治理责任。但承担三种责任所面对的利益相关者存在差异。从利益相关者理论关注重点的顺序看，先是关注股东价值最大化（Freeman，1984；Friedman，1970），而后关注员工等基础利益相关者利益（Rhenman，1964）、关注普通的利益相关者利益（Freeman，1984）、最后开始关注生态环境（李心合，2001；Wheeler et al.，1998；李维安等，2018）。该顺序对应着 ESG 治理责任（第Ⅰ和第Ⅱ阶段）、社会责任（第Ⅲ阶段）和环境责任（第Ⅳ阶段）（如图 7 - 1 所示）。通常意义上讲，企业会优先关注股东利益，即优先承担治理责任，但在强大的制度压力和利益相关者推动下，企业会改变 ESG 三方面维度的优先顺序，也就是我们观察到的上市公司优先履行环境责任而消极履行治理责任或社会责任的"ESG 背离之谜"。与此同时，环境责任的过度履行会对其他维度的 ESG 承诺产生负面影响（Jiang et al.，2023）。

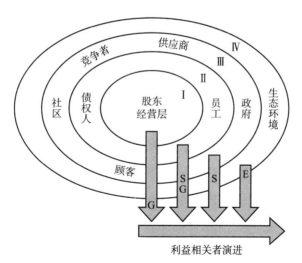

图 7 - 1　企业利益相关者的演进

资料来源：笔者自制。

7.3　企业 ESG 背离的度量及其影响因素研究

7.3.1　企业 ESG 背离的度量

现有文献主要根据企业社会责任报告打分法以及内容分析法（Li and Lu, 2020）、第三方机构评级（Li and Wu, 2020；Yan et al., 2021；聂辉华等, 2022；Fang et al., 2023）等来测量企业 ESG 责任履行表现。

ESG 评分是第三方机构对企业一段时间内行动结果的外部评价，更具客观性和公正性，基于此，本研究根据第三方机构 ESG 评分数据来评价企业各层面责任承担情况。具体而言，以环境责任表现判断企业是否积极承担环境责任，以社会责任评分和治理评分来判断企业是否消极承担 ESG 的其他责任，将积极承担环境责任的同时消极承担其他 ESG 责任的行为定义为企业 ESG 背离，并赋值为 1，其余赋值为 0。

7.3.2　企业 ESG 背离影响因素的研究

利益相关者群体并非一个整体（王鹤丽和童立，2020），不同类型的利益相关者可能存在诉求的冲突，例如，考虑政府和投资者之间的利益冲突，政府希望企业进行环保投资或现金捐赠，投资者希望企业进行现金分红（贾明，2023），但企业往往需要同时应对不同利益相关者的诉求。而企业没有足够的资源同时满足所有利益相关者的诉求，这种情形下企业会根据自身所处的内外部环境选择优先回应的利益相关者类别和诉求（如政府的环境责任）。

在利益相关者群体中，政府是企业重要的外部治理主体。李维安等

（2022）探讨了政府环保补助对"空绿"企业形成的影响机制；徐建等（2023）研究了官员走访对企业 ESG 背离行为的影响机制及其作用条件；李维安等（2024）探讨了政府环保补助如何影响企业 ESG 背离行为的形成以及具体的情境机制。

7.3.3　总结与展望

第一，已有研究多停留在从 ESG 总体表现考察企业 ESG 的影响因素，从维度关联视角研究企业 ESG 背离的文献相对较少。在 ESG 框架下，现有学者从机构投资者、产权性质和政府政策等角度，围绕中国企业 ESG 的总体表现的影响因素与经济后果进行了较为丰富的研究（Wang et al.，2023；雷雷等，2023；王治等，2023），却较少有研究考察企业 ESG 内部不同责任行为之间的差异性。对于寻求实施政策或采取行动减少 ESG 背离行为发生概率的监管机构和政府部门而言，了解推动 ESG 背离行为的因素至关重要，实践界的重视并未引起理论界的"同频共振"，对企业 ESG 背离行为进行理论溯源和科学界定的文献不足。

第二，已有研究多是在社会责任框架下探讨不同形态的社会责任间的失衡问题，鲜有文献基于 ESG 框架探讨政府环保导向下企业重环境责任、轻 ESG 其他责任的背离行为。在社会责任研究框架下，已有研究多是从企业责任行为的内部视角出发，考察了企业在不同类型社会责任之间履行程度的差异化问题，并发现企业会对某些类型的社会责任表现为负责，却对另一些社会责任表现为失责，造成了整体层面负责与失责并存的"不一致"现象。这一类研究多是基于中国强制性社会责任的制度背景，探讨企业履行社会责任而消极承担环境责任的影响因素和经济后果（伊力奇等，2023；Jiang et al.，2023；Zeng et al.，2023；Du et al.，2023）。虽然该类研究为研究环保导向下的 ESG 背离提供了借鉴，但却忽视了政府环保导向下企业承担环境责任可能对 ESG 其他责任产生外部性的问题。

第三，已有政府环保导向影响企业环境责任的文献多是从"倒逼"效应出发，鲜有文献从挤出效应视角探讨政府环保导向对企业 ESG 背离的影响及其传导路径。已有研究从政策文件、环保法律和中央环保督察角度探讨了中央政府环保导向对企业环境责任的影响，但大都是基于"倒逼"效应。除李维安等（2022）、徐建等（2023）和李维安等（2024）外，鲜有文献突破"倒逼"效应，从挤出效应的角度探讨政府环保导向对企业 ESG 背离的影响。

| 第 8 章 |

政府环保导向与企业 ESG 背离[*]

防范企业 ESG 背离、谨防企业环境责任失衡，对于推动企业 ESG 高质量发展和助力中国实现"双碳"目标至关重要。本章以 2013～2018 年中国重污染行业上市公司为样本，从政府环保导向角度实证考察了官员走访对企业环境责任承担和 ESG 背离的影响及其作用机制。研究发现，官员走访对环境责任承担和 ESG 背离产生了显著正向影响，说明官员走访有利于企业积极承担环境责任，但也诱发了 ESG 背离现象的发生。基于监督视角和资源视角的中介检验表明，官员走访引发企业 ESG 背离，是通过环保监督和环保补助两种机制产生作用。进一步研究发现，官员走访

---

[*] 参考徐建、李鼎、李维安：《官员访问与企业 ESG 背离》，载《管理科学》2023 年第 5 期。

对企业 ESG 背离的影响，在国有企业和环境规制较强地区的企业中更为明显。本研究从官员走访这一非正式机制视角解释了企业 ESG 背离的形成机制，拓展了企业策略性承担 ESG 责任的研究。

8.1　问题的提出

随着资源紧张、环境污染和新冠疫情等问题的出现，关注企业环境保护和社会责任履行的 ESG 成为全球共同关注的话题。中共十八大将生态文明建设纳入"五位一体"的总体布局，以此为开端，2013 年以后为了实现环境治理目标，国家逐步强化了各级政府的环境监管责任，并将环境绩效作为考核评价政府官员的重要依据（Wang，2019）。在此背景下，中国的 ESG 实践更多地被理解为环境解决方案。随着环境治理压力的增加，地方政府将干预辖区内企业的环境治理决策，要求辖区内污染企业采取长效机制治理污染。具体而言，地方政府会组织由环保官员和企业家参加的环保会议，来保证环保政策的执行（Marquis et al.，2011）。此外，地方官员也会使用更直接的方法，即通过走访企业来促使其参与环境治理（毛晖等，2022；何轩和肖炜诚，2022）。虽然按照波特假说，企业进行环境治理能够促进企业加强绿色技术的创新和运用，从而抵消企业环保成本，最终能够实现环境治理与盈利目标的双赢（Porter and Van Der，1995）。但短期看，企业承担环境责任的主要受益方是社会而非企业（张琦等，2019）。因此，官员走访可能给企业注入外部资源，从而促使企业承担环境责任，但政府对环境责任的诉求也可能引发企业 ESG 行为的失衡，即在资源有限的情况下，降低了在 ESG 其他维度上的资源投入。

基于利益相关者理论的包容性观点，ESG 需要同时关注环境责任、社会责任和治理责任，但实践中企业会根据内外部环境改变利益相关者的优先顺序并权衡不同的 ESG 维度。通常意义上讲，企业会优先关注股东利益，即优先承担治理责任。但在政府环保导向的推动下，企业会改变 ESG 三方面维度的优先顺序，也就是观察到的上市企业优先履行环境责任而消极履行治理责任或社会责任的 ESG 背离现象。本部分将企业 ESG 实践中积极承担环境责任、消极回应其他责任（包括股东责任和社会责任等）的行为界定为 ESG 背离。已有研究考察官员走访对民营企业环境责任承担的积极影响（毛晖等，2022；何轩和肖炜诚，2022），但是在官员走访促进企业积极承担环境责任的表面之下，还存在"厚此薄彼"的策略性行为。这种行为不同于已有研究从商业手段角度考察的企业策略性承担环境责任行为，而是更加隐蔽地承担环境责任与承担其他责任之间失衡的行为。遗憾的是，尚未有研究考察这种现象。因此，本研究着重探索官员走访对企业 ESG 背离的作用机制及其边界条件。

8.2　相关研究评述

8.2.1　企业 ESG 背离

企业 ESG 背离关注 ESG 中各个指标的平衡问题，与企业 ESG 背离相关的研究主要有两类。①从单个 ESG 维度考察企业是否履行社会责任或者环境责任（Wickert et al.，2016），如企业是否虚假宣传绿色产品（Busch and Hoffmann，2009）、是否夸大披露环保投入等（Du et al.，2010）。这些研究认为有两类因素可能导致企业 ESG 背离。一是信息不对称。这导致企业承担社会责任更容易受到关注和获得更多利润（Lyon and Maxwell，2011），企业会利用信息不对称过度美化绿色行动（Kim and Lyon，2015；Zhang et al.，2018）。二是来自利益相关者的合法性压力。马奎斯等（Marquis et al.，

2016）认为组织压力致使企业策略性承担环境责任以规避惩罚；德尔马斯等（Delmas et al., 2011）发现政府监管具有惩戒效应，能够对违背环保理念的行为进行惩罚，给企业带来合法性压力，迫使企业难以掩盖虚假宣传行为；特斯塔等（Testa et al., 2018）的研究表明，有效的政府监管可以减少"漂绿"企业的产生。总之，相关研究普遍认为信息不对称、制度压力和合法性压力造成了实质性履行 ESG 责任与象征性履行 ESG 责任之间的收益差距，促使 ESG 背离"有利可图"。②不再仅仅关注某个 ESG 层面的责任承担，而是从多个 ESG 层面考察企业的责任承担问题，发现企业可能通过承担社会责任来掩盖其他责任问题。海明威等（Hemingway et al., 2004）发现企业承担社会责任可以降低股东关注度，帮助高管掩盖公司治理问题。随着研究的深入，越来越多的学者发现利益相关者的利益诉求差异可能是引发 ESG 背离的重要因素之一。默雷和沃格尔（Murray and Vogel, 1997）使用效应层次模型分析不同的利益相关者对企业社会责任承担的反应，发现不同的利益相关者期望企业承担的社会责任存在差异，甚至部分利益相关者并不认同企业承担社会责任；基姆和里昂（Kim and Lyon, 2015）认为市场上的投资者将承担环境责任视为不利经营因素，致使积极履行环保责任的企业不愿意完全披露环境信息。随着绿色发展的推进，承担环境责任已成为政府对企业重要的考察要求，但鲜有研究对企业是否会通过承担环境责任来掩盖 ESG 其他维度的责任问题进行考察。在"碳中和""碳达峰"目标下，ESG 是实现经济社会高质量发展的重要支撑，而企业 ESG 背离这种反常的履行责任行为不利于 ESG 的实施。但目前关于企业 ESG 背离行为尚未有研究展开深入的探索，对企业 ESG 背离行为进行理论溯源和科学界定的研究更是不足。

8.2.2　官员走访的后果

通常来说，官员走访活动需要由组织部门备案，要将预定的走访对象、走访形式、走访内容和目的在被走访企业与走访官员之间进行协调，而被走访企业也会根据走访目的和内容形成正式的接待方案和汇报内容。已有研究发现官员走访作为政企关系的一种特殊形式，能够对企业行为产生广泛影响。一类研究基于资源配置视角，认为官员走访能够增加企业的雇员规模（白云霞和王砚萍，2019），帮助制造业企业提升绩效（罗党论和应千伟，2012）。另一类研究基于合法性和信息不对称视角，认为官员走访通过降低信息不对称程度提高了企业绩效（Li et al.，2016）。此外，官员走访作为一种政策导向性行为（毛晖等，2022），伴随着环境保护成为政府优先关注的重要事务（何轩和肖炜诚，2022），官员可以将他们对企业在环境治理等方面的期望传递给企业（Li et al.，2016），进而直接对企业的环境行为产生影响。已有研究考察了官员走访对民营企业承担环境责任的影响（毛晖等，2022；何轩和肖炜诚，2022），为本研究进一步探讨官员走访是否引发企业 ESG 背离提供了借鉴。

8.3　理论分析和研究假设

8.3.1　政府环保导向与企业环境责任承担

新制度理论将制度压力分为规制压力、规范压力和模仿压力，而环境合法性压力是规制压力的重要组成部分（Zeng et al.，2022）。中央政府为了实现绿色发展目标，强化了地方各级政府的监管责任，同时将环境目标完成情况纳入地方政府部门的考核范围（王红建等，2017；Wang，2019），将环境绩效作为政府部门考核评价的重要依据，结果表现为：①增加了环保指标占全部绩效考核的比重；②将环保考核作为"一票否决"内容，成为考核评价的"硬指标"；③由上级单位根据环保指标向下级单位下派量化任务，并签订环保目标责任书（任丙强，2018）。2013 年以来，随着中共十八大将生态文明建设纳入"五位一体"的总体布局，国家通过颁布实施多种法律法规最终强化了各级官员的环境监管责任。不同行政级别的政府官员通过各种方式影响企业活动，其中一个关键的干预形式是他们对企业的走访（Li et al.，2016；Jia et al.，2019）。当环境保护已经成为国家和社会公众高度关注的社会问题后，官员走访能够提高企业的环保履职倾向（何轩和肖炜诚，2022）。

官员走访降低了政府与被走访企业之间的信息不对称程度（Li et al.，2016），增加了企业承担环境责任的动力，主要体现为两个方面。第一个方面是监督效应。基于新制度理论的规制合法性视角，各级政府官员不仅通过制定环保法律、颁布行政命令、调整排污指标等正式制度措施对企业施加压力，而且还通过官员走访的非正式制度措施对企业施加影响。对于走访的官员而言，走访活动为官员了解相关企业基本状况、检查企业环保工作创造了机会（赵晶和孟维烜，2016）。此外，对于走访中发现的环境污染方面的问题，主政官员都会安排环保部门予以跟进调查（何轩和肖炜诚，2022）。由于中共十八大以来中央政府反复强调制定更严格的环境政策的重要性，地方政府官员有动力迫使重污染企业通过增加环保投入来减少污染。因此，为了确保中央政府更严格的环境政策得以执行，同时也为了获得政治晋升，地方政府官员会经常走访辖区内的企业，特别是重污染企业，传达他们对企业高管需要采取必要的缓解环境影响措施的期望。通过走访和面对面的互动，企业高管对当地政府的偏好有了更深入的了解，他们就更倾向于服从当地政府的要求，而这些要求是企业生存和发展的基础。因此，官员走访对被走访的企业形成一种监督，这种监督压力会促使企业加强环境治理。

第二个方面是资源效应。依据资源依赖理论，作为开放的系统，任何组织都需要与外部环境或其他组织打交道，从而获取所需资源（Pfeffer and Salancil，1978）。官员走访不仅为企业提供反映问题的机会，而且也是企业与政府建立密切关系的可能途径。一方面，官员走访加强了企业与政府之间的互动交流，提高了企业与政府之间的合作默契，为企业获取政府资源提供了便利和支持。另一方面，官员走访活动可能向外界传递出被访企业是重点资助对象的信号。走访官员以及负责调配资源的职能部门在制定政策和分配资源时可能向被访企业予以倾斜。企业为了获取发展需要的关键资源（Luo et al.，2017），会依据感知的政府环境监管压力选择环境治理策略（林润辉等，2015）。当官员走访释放增加环保补贴等信号时，企业会增加对环境责任的承担。基于此，本研究提出假设：

H8-1：限定其他条件，官员走访与企业承担环境责任正相关。

8.3.2 政府环保导向与企业 ESG 背离

前文已经论述了官员走访能够促进企业积极承担环境责任，但本研究认为这种作用还带来了与其相应的外部性，即令企业出现了 ESG 背离行为。从监督视角看，满足政府的环保诉求为企业提供了合法性凭证，但这种合法性同时给企业带来了环境治理压力。资源依赖形成的一个直接后果是控制资源的一方会对资源需求的一方创造依赖（Pfeffer and Salancil，1978）。不管是出于监督任务的检查活动，还是本着指导性目标的视察活动，官员选择走访的企业往往是对当地经济增长具有重要影响的上市企业，主政官员一般都会带领职能部门的负责人随同走访，并在企业反映诉求的当场，要求相关负责人做好后续的支持工作。而当企业可利用的资源有限时，管理层出于利益考虑需要统筹安排资源（柏群和杨云，2020）。由于企业的资金有限，将一部分资金投入到环境治理上，其他生产型投资必然会受到影响，使企业被迫放弃本应进行的投向其他利益相关者诉求的投资（Cheng et al.，2014）。并且，官员走访会给企业带来一定的监督约束压力，企业需要将资源向承担环境责任方面倾斜。德尔马斯等（Delmas et al.，2011）认为政府监管具有惩戒效应，能够震慑违背环保政策的企业行为，所以政府监督能够给企业带来合法性压力，致使企业策略性承担社会责任以规避惩罚。因此，当企业受到官员走访后，企业管理者会积极地承担环保责任，以避免因未满足政府环保要求而受到环保处罚。

从资源视角看，官员到访不仅是企业展示自我、表达诉求的平台，而且为企业建立亲清政商关系提供了可能。官员在走访企业时通常会表达政策意向，甚至要求企业积极参与相关项目的环保投资。然而，尽管获得官员走访可能给企业提供环保补助等支持，但也可能给企业带来了政府依赖（Abdurakhmonov et al.，2021）。这改变了企业的决策逻辑，使企业将资源集中在环境责任上，并为转移企业用于承担社会责任和股东责任资源的决策提供了合法性依据。刘柏和卢家锐（2018）研究表明，管理者会通过积极承担企业社会责任的方式满足利益相关者需要，避免管理者自身声誉受到损失。与此同时，虽然其他责任承担对于企业长远发展很重要，但通常需要较高的前期成本，并且收益不确定性较高（Maritan，2001）。综上，考虑到企业内部资源的稀缺性和有限性，被走访企业在一定时期内无法满足各个项目的需求，使企业和管理者需要做出自身利益最大化的决策，注重环境责任、忽视社会责任和股东责任的 ESG 背离行为随之出现。基于此，本研究提出假设：

H8 - 2：限定其他条件，官员走访与企业 ESG 背离正相关。

8.4　研　究　设　计

8.4.1　数据来源

本研究选取 2013 ~ 2018 年中国重污染行业上市企业作为基础样本。选择这个时间段的原因在于：第一，中共十八大以后，中央政府开始启动新一轮的体制改革，生态环境保护工作被提上重要的议事日程，重污染行业的环境治理问题受到更多关注。第二，新冠疫情期间大多数地区推行"网上办公""网上办事"，考虑到 2019 年开始的新冠疫情对官员实地走访企业可能有一定影响，本研究将重点放在 2019 年之前的时期。之所以选择重污染企业，是因为与非重污染企业相比，重污染企业受到政府的环保约束力度更强。关于重污染行业的界定，根据《上市公司环保核查行业分类管理名录》《重点排污单位名录管理规定（试行）》，并参照证监会发布的行业分类，最终将重污染行业归纳为：煤炭开采和洗选业，石油和天然气开采业，黑色金属矿采选业，有色金属矿采选业，酒、饮料和精制茶制造业，纺织业，造纸和纸制品业，石油加工、炼焦和核燃料加工业。依据现有筛选原则，本研究剔除样本期中被 ST、*ST 以及终止上市的企业，剔除数据缺失或者异常的观测值，包括资产总额小于等于 0、负债总额小于等于 0、所有者权益等于 0。最终得到3391 个有效样本观测值。此外，本研究还对所有连续变量在上下 1% 分位数进行缩尾（Winsorize）处理，以降低极端值对研究结果的影响。本研究的官员走访数据通过企业网站搜集，具体包括：①网站信息动态更新，可获取连续年份的新闻信息；②从企业新闻资讯、大事记中手工收集官员走访信息；③通过百度等搜索引擎补充官员走访信息。环境责任评分数据来自中国研究数据服务平台，社会责任数据来自润灵环球责任评级数据库，其余数据来自国泰安数据库。

8.4.2 变量定义

8.4.2.1 被解释变量：环境责任承担和企业 ESG 背离

（1）环境责任承担。本研究参照已有研究的测量方法（Li and Wu，2020；Yan et al.，2021），根据中国研究数据服务平台的环境责任评分数据测量环境责任承担。具体地,环境评分指标包括环境有益的产品、减少"三废"的措施、循环经济、节约能源、绿色办公、环境认证、环境表彰和其他优势等 8 项内容。为了使不同环境评分指标之间具有可比性,本研究运用主成分分析法对以上 8 项内容进行分析,将累计贡献率大于 80% 的前 6 个因子合成一项环境评价综合指标。若该企业环境评价综合指标在年度中位数之上,将环境责任承担取值为 1,否则取值为 0。

(2)企业 ESG 背离。本研究以企业其他利益相关者责任(即 ESG 中的社会责任和治理责任)评分判断企业是否消极承担 ESG 中的其他责任,指标包括股东责任和社会责任等内容。具体地,若该企业股东责任或社会责任中有一项得分低于年度中位数,则认为该企业消极承担 ESG 中的其他责任。若该企业履行环境责任,且消极履行 ESG 中的其他责任,则将企业 ESG 背离取值为 1,否则取值为 0。

8.4.2.2　解释变量:政府环保导向

本研究借鉴赵晶和孟维烜(2016)的研究,根据该企业官员走访次数和官员走访次数加 1 的自然对数定义政府环保导向。为了避免互为因果的内生性问题影响,在回归中对官员走访进行滞后 1 期处理。

8.4.2.3　控制变量

借鉴已有研究的做法(胡珺等,2017;Wang and Zhang,2020),本研究从企业层面、公司治理层面和地区层面选取控制变量。在企业层面,企业规模、盈利水平、成长能力、资产负债率、经营净现金流和上市年龄等影响企业承担环境责任的能力,本研究对这些变量加以控制;国有企业和民营企业的内外部条件存在较大差异,对官员走访的敏感性不同,因此对产权性质加以控制。在公司治理方面,股权集中度、高管团队规模和两职合一等会影响到企业战略决策,进而影响企业的环境责任承担和 ESG 背离行为,本研究对这些因素加以控制。在地区层面，不同的走访官员等级和企业面临的行业竞争也可能对企业环境责任承担和 ESG 背离产生影响，因此本研究控制了官员等级和行业竞争因素；考虑到当地环保情况可能对企业的环保行为产生影响（Li and Wu，2020），本研究控制了地区环境污染强度和环保强度。此外，为了消除时间固定效应和地区固定效应的影响，本研究还控制了年度虚拟变量和地区虚拟变量。主要研究变量定义见表 8 – 1。

表 8 – 1　　　　　　　　　　　　　　变量定义

变量类型	变量名称	变量符号	变量定义
被解释变量	环境责任承担	Cer	计算方法见 8.4.2.1
	企业 ESG 背离	Dev	计算方法见 8.4.2.1
解释变量	政府环保导向	Vis1	官员走访次数
		Vis2	官员走访次数加 1 的自然对数
控制变量	企业规模	Siz	期末总资产取自然对数
	盈利水平	Roa	期末净利润总额与期末总资产之比
	成长能力	Gro	当年营业收入增长率
	资产负债率	Lev	期末总负债与期末总资产之比
	经营净现金流	Cfo	期末经营现金总额与期末总资产之比
	上市年龄	Age	当前研究年度 – 上市年份 + 1
	产权性质	Soe	国有控股取值为 1，否则取值为 0
	股权集中度	Fir	第一大股东持股数量与期末总股份之比
	高管团队规模	Sto	董事、监事和高级管理人员的总人数
	两职合一	Dua	总经理兼任董事长取值为 1，否则取值为 0
	官员等级	Vol	走访官员的行政等级为省级及以上取值为 1，否则取值为 0
	行业竞争	Hhi	赫芬德尔指数
	环境污染强度	Pol	企业注册地所在省份污染气体排放量加 1 的自然对数
	环保强度	Epe	企业注册地所在省份环境保护支出加 1 的自然对数
	年度	Yea	涉及 6 个年份，设置 5 个虚拟变量
	地区	Pro	涉及 29 个地区，设置 28 个虚拟变量

8.4.3 模型设定

为了验证假设 H8 - 1 和假设 H8 - 2，本研究构建模型为

$$Cer/Dev_{i,t} = \beta_0 + \beta_1 Vis_{i,t-1} + \beta_n \sum_{n=2}^{15} Con_{i,t} + \sum Yea_{i,t} + \sum Pro_{i,t} + \varepsilon_{i,t}$$

$$(8-1)$$

其中，i 为企业，t 为年；Vis 为官员走访，包括 $Vis1$ 和 $Vis2$；Con 为控制变量；β_0 为常数项，β_1 和 β_n 为回归系数，n 为控制变量序号；ε 为残差项。

8.5 实证结果和分析

8.5.1 描述性统计

表 8 - 2 给出本研究主要变量的描述性统计结果。Cer 和 Dev 的均值分别为 0.150 和 0.102，标准差分别为 0.357 和 0.302，说明企业之间的环境责任承担存在较大差异，且环境责任承担较好的企业中存在不少的 ESG 背离问题。$Vis1$ 和 $Vis2$ 的均值分别为 2.763 和 0.756，标准差分别为 5.459 和 0.947，说明样本企业之间是否受到官员走访差异较大。Soe 的均值为 0.343，说明有 34.3% 的国有企业。Epe 的均值为 5.221，标准差为 0.540，表明各地区环保强度有一定差距。其余变量的描述性结果均处于较为合理的范围，不再赘述。

表 8 - 2   描述性统计结果

变量	均值	标准差	最小值	四分之一分位	中位数	四分之三分位	最大值
Cer	0.150	0.357	0	0	0	0	1
Dev	0.102	0.302	0	0	0	0	1
$Vis1$	2.763	5.459	0	0	0	3	31
$Vis2$	0.756	0.947	0	0	0	1.386	3.466
Siz	22.264	1.280	20.089	21.332	22.077	22.983	26.071
Roa	0.043	0.059	-0.208	0.014	0.040	0.074	0.208
Gro	0.176	0.390	-0.424	0.003	0.120	0.246	2.822
Lev	0.402	0.199	0.059	0.238	0.390	0.547	0.905
Cfo	0.055	0.065	-0.149	0.018	0.055	0.093	0.238
Age	11.207	7.238	1	5	9	18	26
Soe	0.343	0.475	0	0	0	1	1
Fir	0.342	0.147	0.004	0.237	0.329	0.432	0.771
Sto	17.372	4.202	10	14	17	19	32
Dua	0.364	0.481	0	0	0	1	1
Vol	0.124	0.330	0	0	0	0	1
Hhi	0.157	0.190	0.021	0.035	0.087	0.194	0.925
Pol	3.327	1.036	0.239	2.734	3.487	4.074	5.075
Epe	5.221	0.540	3.629	4.851	5.257	5.664	6.343

注：样本观测值为 3391。

8.5.2 相关性分析

本研究主要变量的 Pearson 相关性分析结果见表 8 - 3。可以看出，$Vis1$ 和 $Vis2$ 与 Cer 之间的相关系数均显著为正，官员走访与企业环境责任承担之间存在一定的正向相关性，初步验证了假设 H8 - 1。$Vis1$ 和 $Vis2$ 与 Dev 之间的相关系数也均显著为正，表明官员走访与 ESG 背离之间也存在一定的正

相关系数

表 8-3

变量	Cer	Dev	Vis1	Vis2	Siz	Roa	Gro	Lev	Cfo	Age	Soe	Fir	Sto	Dua	Vol	Hhi	Pol
Dev	0.801***	1															
Vis1	0.159***	0.155***	1														
Vis2	0.153***	0.160***	0.875***	1													
Siz	0.386***	0.291***	0.314***	0.312***	1												
Roa	0.043**	-0.042**	0.001	0.005	-0.046***	1											
Gro	-0.034*	-0.032*	-0.034**	-0.042**	0.042**	0.195***	1										
Lev	0.138***	0.157***	0.172***	0.163***	0.532***	-0.429***	0.024	1									
Cfo	0.094***	0.039**	0.045**	0.051***	0.102***	0.462***	-0.012	-0.160***	1								
Age	0.186***	0.136***	0.079***	0.105***	0.441***	-0.182***	-0.044***	0.368***	0.006	1							
Soe	0.185***	0.135***	0.153***	0.187***	0.393***	-0.164***	-0.088***	0.325***	0.000	0.511***	1						
Fir	0.084***	0.032*	0.041**	0.026	0.254***	0.098***	-0.010	0.060***	0.126***	-0.009	0.192***	1					
Sto	0.234***	0.168***	0.181***	0.208***	0.461***	-0.053***	-0.012	0.296***	0.054***	0.282***	0.421***	0.083***	1				
Dua	-0.043***	-0.027	-0.075***	-0.061***	-0.148***	0.051***	0.021	-0.084***	-0.031*	-0.188***	-0.234***	-0.044***	-0.199***	1			
Vol	0.030**	0.048***	0.129***	0.281***	0.082***	-0.026	-0.006	0.058***	-0.002	0.026	0.040**	0.002	0.033*	0.003	1		
Hhi	0.016	0.012	-0.015	-0.037***	0.133***	-0.170***	0.032**	0.179***	-0.099***	0.139***	0.138***	0.104***	0.133***	-0.050***	-0.022	1	
Pol	-0.096***	-0.126***	0.034*	0.022	-0.101***	-0.034**	-0.085***	0.055***	-0.014	-0.076***	-0.026	-0.001	0.030*	-0.014	0.012	0.052***	1
Epe	0.028*	0.023	-0.078***	-0.103***	0.007	0.116***	-0.005	-0.071***	0.070***	-0.100***	-0.118***	-0.026	-0.123***	0.068***	-0.026	-0.154***	-0.091***

注：*** 为在 1% 水平上显著，** 为在 5% 水平上显著，* 为在 10% 水平上显著，双尾检验，下同。

向相关性，初步验证了假设 H8 - 2。此外，各控制变量之间相关系数的绝对值均在 0. 800 以下，排除了模型中可能存在的多重共线性问题。

8.5.3 回归结果分析

官员走访与环境责任承担和企业 ESG 背离的回归结果见表 8 - 4，被解释变量为 Cer 和 Dev，解释变量为滞后 1 期的 Vis1 和 Vis2，因此样本观测值有所减少。列（1）中 Vis1 的回归系数为 0. 017，在 10% 水平上显著，z 值为 1. 732；列（2）中 Vis2 的回归系数为 0. 144，在 5% 水平上显著，z 值为 2. 116。上述结果表明，官员走访显著促进了企业承担环境责任，主要是由于官员走访通过监督效应和资源效应，减少了地方政府与企业高管之间关于环境保护监管执法的信息不对称，假设 H8 - 1 得到验证。在控制变量方面，Siz、Cfo 和 Age 的回归系数显著为正，表明企业规模越大、经营净现金流状况越好、上市时间越长的企业环境责任承担越好。Sto 的回归系数显著为正，说明高管团队规模越大的企业会承担更多的环境责任。Dua 的回归系数显著为正，表明总经理兼任董事长的企业更愿意去承担环境责任。Lev 的回归系数显著为负，表明财务杠杆越高，企业越不愿意承担环境责任。Fir 的回归系数显著为负，说明股权分散的企业更愿意承担环境责任。Hhi 的回归系数显著为负，说明行业竞争程度越低，企业的环境责任表现越差。

表 8 - 4　　　官员走访对企业环境责任承担和 ESG 背离的回归结果

变量	Cer		Dev	
	（1）	（2）	（3）	（4）
Vis1	0. 017 * (1. 732)		0. 024 ** (2. 434)	
Vis2		0. 144 ** (2. 116)		0. 247 *** (3. 438)

续表

变量	Cer		Dev	
	(1)	(2)	(3)	(4)
Siz	0. 843 ***	0. 838 ***	0. 625 ***	0. 606 ***
	(11. 698)	(11. 650)	(8. 289)	(8. 048)
Roa	0. 320	0. 243	− 3. 426 **	− 3. 611 ***
	(0. 220)	(0. 166)	(− 2. 551)	(− 2. 659)
Gro	− 0. 188	− 0. 175	− 0. 412 *	− 0. 383
	(− 0. 887)	(− 0. 824)	(− 1. 674)	(− 1. 527)
Lev	− 1. 082 **	− 1. 096 **	0. 121	0. 096
	(− 2. 535)	(− 2. 556)	(0. 269)	(0. 210)
Cfo	2. 845 **	2. 892 **	3. 196 **	3. 290 ***
	(2. 435)	(2. 466)	(2. 523)	(2. 585)
Age	0. 046 ***	0. 046 ***	0. 025 **	0. 026 **
	(4. 407)	(4. 392)	(2. 229)	(2. 249)
Soe	0. 015	− 0. 002	− 0. 095	− 0. 136
	(0. 089)	(− 0. 010)	(− 0. 530)	(− 0. 756)
Fir	− 1. 395 ***	− 1. 345 ***	− 1. 755 ***	− 1. 641 ***
	(− 3. 013)	(− 2. 902)	(− 3. 632)	(− 3. 397)
Sto	0. 050 ***	0. 049 ***	0. 028	0. 028
	(2. 805)	(2. 763)	(1. 485)	(1. 444)
Dua	0. 301 **	0. 290 **	0. 352 **	0. 338 **
	(2. 114)	(2. 033)	(2. 284)	(2. 182)
Vol	0. 194	0. 158	0. 272	0. 210
	(1. 111)	(0. 903)	(1. 487)	(1. 144)
Hhi	− 1. 084 ***	− 1. 070 ***	− 0. 972 ***	− 0. 947 **
	(− 3. 100)	(− 3. 059)	(− 2. 580)	(− 2. 501)
Pol	0. 109	0. 112	− 0. 244	− 0. 241
	(0. 282)	(0. 289)	(− 0. 588)	(− 0. 578)
Epe	0. 253	0. 245	0. 251	0. 241
	(0. 467)	(0. 452)	(0. 427)	(0. 408)

续表

变量	Cer		Dev	
	（1）	（2）	（3）	（4）
常数项	−22.625*** （−6.486）	−22.507*** （−6.452）	−17.499*** （−4.688）	−17.114*** （−4.582）
Yea/Pro	控制	控制	控制	控制
样本数	2522	2522	2522	2522
伪 R^2	0.245	0.246	0.188	0.191

注：括号内数据为经过个体和时间层面 cluster 调整的 z 值。

列（3）中 $Vis1$ 的回归系数为 0.024，在 5% 水平上显著，z 值为 2.434；列（4）中 $Vis2$ 的回归系数为 0.247，在 1% 水平上显著，z 值为 3.438。上述结果表明，官员走访与企业 ESG 背离行为显著正相关，揭示了官员走访后，被走访企业出于满足政府环保诉求的要求而出现"厚环境责任薄其他责任"的背离行为，假设 H8 − 2 得到验证。

8.5.4 稳健性检验

8.5.4.1 工具变量检验

官员走访与企业环境责任之间可能存在互为因果和遗漏变量的内生性问题，因此，本研究采用工具变量法进行稳健性检验。借鉴赵晶和孟维烜（2016）和钱先航等（2011）的研究，本研究选取财政盈余和城镇登记失业率作为工具变量，数据来源于国家统计局。选取工具变量的理由在于：①当地政府是否去走访企业与官员面临的晋升压力有直接关系（赵晶和孟维烜，2016），而财政盈余和城镇登记失业率都是政府部门考核绩效的重要指标，当地政府官员会为促进当地经济发展和改善就业而走访当地企业，因此财政盈余和城镇登记失业率满足了工具变量设置的相关性要求。②地区的财政盈余和城镇登记失业率与企业环境行为并不直接相关，符合工具变量设置的外生性要求。

表 8-5 给出工具变量法的第二阶段回归结果，列（1）中 Vis1 的回归系数为 0.171，列（2）中 Vis2 的回归系数为 0.965，均在 5% 水平上显著，表明假设 H8-1 依然成立。列（3）中 Vis1 的回归系数为 0.178，列（4）中 Vis2 的回归系数为 1.039，均在 1% 水平上显著，表明假设 H8-2 依然成立。因此，在采用工具变量缓解互为因果和遗漏变量的内生性问题后，主要回归结果保持不变。此外，Wald F 检验结果基本显著，说明选取的工具变量具有一定的合理性。

表 8-5　　　　　　　　　　　　　工具变量第二阶段回归结果

变量	Cer		Dev	
	（1）	（2）	（3）	（4）
Vis1	0.171 ** (2.521)		0.178 *** (3.786)	
Vis2		0.965 ** (2.186)		1.039 *** (2.858)
控制变量	控制	控制	控制	控制
Yea/Pro	控制	控制	控制	控制
常数项	-1.493 (-0.150)	-3.458 (-0.393)	0.831 (0.122)	-0.776 (-0.107)
样本数	2522	2522	2522	2522
Wald F 检验	0.896 **	1.032	1.300	1.110 *

注：括号内数据为 z 值，已经过稳健性调整；Wald F 检验原假设为 "存在弱工具变量"。

8.5.4.2　Heckman 两阶段回归

官员走访可能与一些外生的因素相关，存在一定的自选择偏误问题。为了解决官员走访的自选择偏误而产生的内生性问题，本研究采用 Heckman 两阶段回归模型进行检验（Heckman，1979），构建模型为

$$Vis\_d_{i,t} = \alpha_0 + \alpha_1 Vis\_i_{i,t} + \alpha_n \sum_{n=2}^{15} Con_{i,t} + \sum Yea_{i,t} + \sum Pro_{i,t} + \lambda_{i,t}$$

$$(8-2)$$

其中，Vis_d 为官员走访的虚拟变量，若当年有官员走访该企业取值为 1，否则取值为 0；Vis_i 为排除性约束变量，参考已有研究（Heutel，2014），本研究选取同年度同行业中其他企业的官员走访数量的均值；α_0 为常数项，α_1 和 α_n 为回归系数；λ 为残差项。由式（8-2）计算出逆米斯比率 Imr，作为控制变量代入到主回归模型。

表 8-6 给出 Heckman 两阶段回归结果，第一阶段中 Vis_i 的回归系数在 5% 水平上显著为正，说明同年度同行业中其他企业的官员走访情况会影响该企业被官员走访的概率，证明了排除性约束变量的有效性。第二阶段结果中，Imr 的回归系数均显著为负，表明模型中存在一定的自选择偏差问题。$Vis1$ 的回归系数分别为 0.024 和 0.031，$Vis2$ 的回归系数分别为 0.171 和 0.285，均在 5% 及以上水平显著，表明在控制自选择偏差后，假设 H8-1 和假设 H8-2 依旧成立。此外，由于 Heckman 模型假定截断与样本选择是相关的，在第一阶段选择方程中，个别变量与样本选择概率相关，导致一些观测值在第二阶段回归中被排除，因此样本观测值有所减少。

表 8-6   Heckman 两阶段回归结果

变量	第一阶段	第二阶段			
	Vis_d	Cer		Dev	
	(1)	(2)	(3)	(4)	(5)
Vis_i	0.823 ** (2.037)				

| 变量 | 第一阶段 | 第二阶段 | | | |
| | Vis_d | Cer | | Dev | |
	(1)	(2)	(3)	(4)	(5)
Vis1		0.024 ** (2.242)		0.031 *** (2.945)	
Vis2			0.171 ** (2.322)		0.285 *** (3.680)
Imr		−6.064 *** (−2.902)	−5.777 *** (−2.766)	−5.388 ** (−2.319)	−5.185 ** (−2.236)
控制变量	控制	控制	控制	控制	控制
Yea/Pro	控制	控制	控制	控制	控制
常数项	−8.752 *** (−5.638)	7.862 (0.704)	6.430 (0.576)	9.164 (0.724)	8.580 (0.681)
样本数	2200	2200	2200	2200	2200
伪 R^2	0.101	0.254	0.255	0.192	0.196

注：括号内数据为经过个体和时间层面 cluster 调整的 z 值。

8.5.4.3 倾向得分匹配法检验

倾向得分匹配法可以消除因个体特征带来的样本自选择问题，参考已有研究（Kim et al.，2018），首先，通过逻辑回归模型估计官员走访的概率；其次，根据估计的概率对企业进行排序，按照 1∶3 的最近邻匹配法得分进行匹配，得到 1913 个匹配样本；最后，对匹配样本进行回归分析。共同支撑假设检验结果表明，不在共同取值范围之内的样本数有 13 个，在共同取值范围之内的样本数则有 3011 个，因篇幅所限，共同支撑假设检验结果不再呈现，如有需要可向作者索取。本研究建立逻辑回归模型为

$$Vis\_d_{i,t} = \gamma_0 + \gamma_n \sum_{n=1}^{14} Con_{i,t} + \delta_{i,t} \tag{8-3}$$

其中，γ_0 为常数项，γ_n 为回归系数，δ 为残差项。

倾向得分匹配法检验第二阶段的回归结果见表 8 - 7，列（1）和列（2）中 *Vis* 的系数分别为 0.020 和 0.154，均显著为正；列（3）和列（4）中 *Vis* 的系数分别为 0.029 和 0.282，也都显著为正。以上结果表明，在控制自选择偏差后，假设 H8 - 1 和假设 H8 - 2 依旧成立。

表 8 - 7   倾向得分匹配法第二阶段回归结果

变量	*Cer*		*Dev*	
	（1）	（2）	（3）	（4）
*Vis*1	0.020 * （1.851）		0.029 *** （2.765）	
*Vis*2		0.154 ** （2.060）		0.282 *** （3.605）
控制变量	控制	控制	控制	控制
Yea/Pro	控制	控制	控制	控制
常数项	− 21.495 *** （− 5.519）	− 21.449 *** （− 5.517）	− 16.881 *** （− 3.956）	− 16.481 *** （− 3.863）
样本数	1913	1913	1913	1913
伪 R^2	0.243	0.243	0.179	0.183

注：括号内数据为经过个体和时间层面 cluster 调整的 z 值。

8.5.4.4 改变被解释变量测量方法

前文采用主成分分析法来合成环境评价综合指标，这在一定程度上会造成环境评价指标信息量的丢失。因此，本研究直接将 8 项环境指标相加得到环境评价综合指标，以此重新度量 *Cer* 和 *Dev*。回归结果如表 8 - 8 所示。列（1）~ 列（4）的回归结果表明，在更换被解释变量度量方式后，回归结果基本保持不变。

表8-8 稳健性检验结果：更换被解释变量的方法

变量	Cer		Dev	
	（1）Vis1	（2）Vis2	（3）Vis1	（4）Vis2
常数项	-31.553 *** （-7.795）	-31.342 *** （-7.737）	-26.116 *** （-6.041）	-25.598 *** （-5.911）
Vis	0.022 * （1.888）	0.190 ** （2.441）	0.027 ** （2.510）	0.313 *** （3.852）
控制变量	控制	控制	控制	控制
Yea/Pro	控制	控制	控制	控制
样本数	2522	2522	2522	2522
Pseudo_R^2	0.277	0.278	0.211	0.218

注：*** 、** 和 * 分别表示在 1%、5% 和 10% 水平上显著（双尾），括号中的 z 值均已经过个体和时间层面的 cluster 调整。

8.5.4.5　改变解释变量测量方法

官员对公司的走访可能受到行业内部因素的影响，例如行业中的头部公司被官员走访的次数更多。本研究通过扣除公司所属行业官员走访的均值来消除行业内部因素的影响，重新计算并定义了衡量官员走访的新指标 Vis3 和 Vis4。回归结果如表8-9所示。列（1）~列（4）的回归结果表明，在更换官员走访度量方式后，实证结果与前文保持一致。

表8-9 稳健性检验结果：更换解释变量的方法

变量	Cer		Dev	
	（1）Vis3	（2）Vis4	（3）Vis3	（4）Vis4
常数项	-22.580 *** （-6.469）	-22.400 *** （-6.414）	-17.436 *** （-4.669）	-16.931 *** （-4.527）

续表

变量	Cer		Dev	
	（1） Vis3	（2） Vis4	（3） Vis3	（4） Vis4
Vis	0. 017 * (1. 732)	0. 144 ** (2. 116)	0. 024 ** (2. 434)	0. 247 *** (3. 438)
控制变量	控制	控制	控制	控制
Yea/Pro	控制	控制	控制	控制
样本数	2522	2522	2522	2522
Pseudo_R^2	0. 245	0. 245	0. 188	0. 191

注： *** 、 ** 和 * 分别表示在 1% 、5% 和 10% 水平上显著（双尾），括号中的 z 值均已经过个体和时间层面的 cluster 调整。

8.5.4.6 考虑官员走访的时滞效应

官员走访对公司的影响存在一定的时滞性，即当年的官员走访对当年的环境责任承担和企业 ESG 背离产生影响，这种影响可能会持续几年。为了控制官员走访的时滞效应，本研究采用个体和时间上的双重聚类调整对前文模型进行回归分析。回归结果如表 8 - 10 所示，列（1）、列（2）和列（7）、列（8）是滞后 1 期的结果；列（3）、列（4）和列（9）、列（10）是滞后 2 期的结果；列（5）、列（6）和列（11）、列（12）是滞后 3 期的结果。列（1）~列（12）中官员走访的回归系数均显著为正，表明官员走访对公司的环境责任承担和 ESG 背离的影响具有一定的时滞性，至少会持续 3 年。

表 8－10　考虑官员走访时滞效应的回归结果

变量	Cer						Dev					
	(1) Vis1	(2) Vis2	(3) Vis1	(4) Vis2	(5) Vis1	(6) Vis2	(7) Vis1	(8) Vis2	(9) Vis1	(10) Vis2	(11) Vis1	(12) Vis2
常数项	-22.625*** (-6.486)	-22.507*** (-6.452)	-23.161*** (-5.426)	-23.627*** (-5.545)	-23.746*** (-4.433)	-24.029*** (-4.481)	-17.499*** (-4.688)	-17.114*** (-4.582)	-15.251*** (-3.349)	-15.609*** (-3.444)	-13.599** (-2.394)	-13.800** (-2.429)
$L1.Vis$	0.017* (1.732)	0.144** (2.116)					0.024** (2.434)	0.247*** (3.438)				
$L2.Vis$			0.032*** (2.709)	0.180** (2.203)					0.040*** (3.280)	0.278*** (3.211)		
$L3.Vis$					0.031** (2.083)	0.196* (1.935)					0.039*** (2.663)	0.268** (2.543)
控制变量	控制	控制	控制	控制	控制	控制	控制	控制	控制	控制	控制	控制
Yea/Pro	控制	控制	控制	控制	控制	控制	控制	控制	控制	控制	控制	控制
样本数	2522	2522	1678	1678	1114	1114	2522	2522	1678	1678	1030	1030
Pseudo_R^2	0.245	0.245	0.229	0.228	0.250	0.250	0.188	0.191	0.177	0.178	0.173	0.173

注：***、** 和 * 分别表示在 1%、5% 和 10% 水平上显著（双尾），括号中的 z 值均已经过个体和时间层面的 cluster 调整。

8.6 进一步分析

8.6.1 政府环保导向影响企业 ESG 背离的机制检验

前文理论分析从监督视角和资源视角提出官员走访会促进企业 ESG 背离行为，为进一步验证两种视角的合理性，本研究分别使用环保监督强度和环保补助两个指标作为中介变量来验证上述两种机制。

8.6.1.1 环保监督强度的影响机制

由于提升环保监督强度会增加企业环境治理成本，政府对企业的环保监督强度越大，企业对环境治理的投资水平越高（吕鹏和黄送钦，2021）。因此，参考已有研究（胡珺等，2017），本研究采用企业当年环保治理费用加 1 的自然对数测量环保监督强度（Esp），解释变量为滞后 1 期的 $Vis1$ 和 $Vis2$，检验结果见表 8－11。列（1）中 $Vis1$ 的回归系数为 0.034，在 5% 水平上显著，t 值为 2.348；列（2）中 $Vis2$ 的回归系数为 0.105，在接近 10% 水平上显著，t 值为 1.378。上述结果表明官员走访显著提高了环保监督强度。将 Esp 引入式（8－1）进行中介检验，列（3）中 $Vis1$ 的回归系数为 0.019，在 10% 水平上显著，z 值为 1.958；列（4）中 $Vis2$ 的回归系数为 0.233，在 1% 水平上显著，z 值为 3.287。引入 Esp 后，与表 8－4 相比，官员走访的回归系数均有所下降，表明环保监督强度具有中介作用，验证了环保监督的中介机制。

表 8 - 11   环保监督强度的影响机制

变量	Esp		Dev	
	（1）	（2）	（3）	（4）
Vis1	0. 034 ** (2. 348)		0. 019 * (1. 958)	
Vis2		0. 105 (1. 378)		0. 233 *** (3. 287)
Esp			0. 133 *** (6. 383)	0. 134 *** (6. 402)
控制变量	控制	控制	控制	控制
Yea/Pro	控制	控制	控制	控制
常数项	- 4. 595 * (- 1. 678)	- 5. 105 * (- 1. 856)	- 17. 722 *** (- 4. 682)	- 17. 334 *** (- 4. 581)
样本数	2522	2522	2522	2522
调整的 R^2	0. 087	0. 084		
伪 R^2			0. 210	0. 214

注：列（1）和列（2）括号内数据为经过个体和时间层面 cluster 调整的 t 值，列（3）和列（4）括号内数据为经过个体和时间层面 cluster 调整的 z 值。

8.6.1.2 环保补助的影响机制

本研究将环保补助作为另一个中介变量，参考克莱尔（Kleer，2010）的研究，采用企业当年获得的环保补助加 1 的自然对数测量环保补助（Ges），解释变量为 Vis1 和 Vis2。回归结果表明，Vis1 的回归系数在 5% 水平上显著为正，Vis2 的回归系数在 1% 水平上显著为正，即官员走访显著提高了环保补助（见表 8 - 12）。将 Ges 引入式（8 - 1）进行中介检验，Vis1 的回归系数在 5% 水平上显著为正，Vis2 的回归系数在 1% 水平上显著为正，与表 8 - 4 相比，官员走访的回归系数均有所下降，表明环保补助具有中介作用，验证了环保补助的中介机制。

表 8 - 12 环保补助的影响机制

变量	Ges		Dev	
	（1） Vis1	（2） Vis2	（3） Vis1	（4） Vis2
常数项	- 0. 703 （ - 0. 106）	- 0. 187 （ - 0. 028）	- 17. 478 *** （ - 4. 683）	- 17. 103 *** （ - 4. 580）
Vis	0. 047 ** （1. 970）	0. 421 *** （3. 007）	0. 024 ** （2. 426）	0. 246 *** （3. 430）
Ges			0. 004 （0. 322）	0. 003 （0. 217）
控制变量	控制	控制	控制	控制
Yea/Pro	控制	控制	控制	控制
样本数	2522	2522	2522	2522
Adj_R^2/Pseudo_R^2	0. 090	0. 092	0. 188	0. 191

注：***、** 和 * 分别表示在 1%、5% 和 10% 水平上显著（双尾），括号中的 t/z 值均已经过个体和时间层面的 cluster 调整。

8.6.2 产权性质和环境规制的调节作用检验

8.6.2.1 产权性质的调节作用

国有企业本身的性质和目标决定了承担环境治理责任是企业的重要职责（Luo et al.，2017），政府更容易将环境目标作为行政任务施加给国有企业（Wang et al.，2018）。基于这个角度，本研究认为与非国有企业相比，官员走访对国有企业 ESG 背离的促进作用更为显著。本研究根据公司是否为国有控股来衡量公司的产权性质，产权性质的调节作用的回归结果如表 8 - 13 所示。被解释变量为企业 ESG 背离（Dev）。列（1）中官员走访的系数大于列（2）中官员走访的系数，且两组间的差异系数检验显著。列（3）中官员走访的系数大于列（4）中官员走访的系数，且两组间的差异系数检验也显著。

回归结果表明，产权性质强化了官员走访对企业 ESG 背离的影响。也就是说，与非国有企业相比，官员走访对国有企业 ESG 背离的影响更为显著。

表 8－13　　　　　　　　　　　产权性质的调节作用

变量	Dev			
	（1）国有企业	（2）非国有企业	（3）国有企业	（4）非国有企业
常数项	－ 16. 652 *** （－ 3. 073）	－ 20. 266 *** （－ 3. 443）	－ 16. 592 *** （－ 3. 068）	－ 19. 477 *** （－ 3. 298）
Vis1	0. 030 ** （1. 986）	0. 011 （0. 772）		
Vis2			0. 281 *** （2. 647）	0. 189 * （1. 748）
控制变量	控制	控制	控制	控制
Yea/Pro	控制	控制	控制	控制
样本数	882	1640	882	1640
Pseudo_R^2	0. 214	0. 202	0. 218	0. 205
Chow 检验	1. 726 ***		1. 732 ***	

注：*** 、** 和 * 分别表示在1% 、5% 和10% 水平上显著（双尾），括号中的 z 值均已经过个体和时间层面的 cluster 调整。Chow 检验原假设为两组之间不存在结构性突变。

8.6.2.2　环境规制的调节作用

地方政府之间具有异质性，造成地方政府对中央下达的环保目标的重视程度和地方政府的环境监管强度存在差异。当地区环境规制强度处于较低水平时，宽松的环境规制导致企业较低的环境标准遵守率和较少的环保支出（Gray and Deily，1996）；而在环境规制较强的地区，地方政府具有较强的环境意识，更重视环保责任在企业 ESG 中的位置。基于此，本研究预期，与低强度环境规制地区相比，高强度环境规制地区中官员走访对企业 ESG 背离的影响更为显著。借鉴已有研究（张成等，2011），本研究根据各省环境污染治理投资占第二产业增加值的比值测量地区环境规制强度，按照环境规制强度的年度中位数将样本分为高强度环境规制组和低强度环境规制组，检验环境规制的调节作用，被解释变量为企业 ESG 背离。回归结果如表 8 - 14 所示。被解释变量为企业 ESG 背离（*Dev*）。列（1）和列（3）中官员走访的系数分别大于列（2）和列（4）中官员走访的系数，两组间的差异系数检验均显著。回归结果表明，在官员走访影响企业 ESG 背离的关系中，环境规制发挥了正向调节作用。

表 8 - 14　　　　　　　　　　　环境规制的调节作用

变量	*Dev*			
	（1）高环境规制	（2）低环境规制	（3）高环境规制	（4）低环境规制
常数项	- 38. 191 *** (- 7. 019)	- 11. 751 ** (- 1. 982)	- 0. 824 * (- 1. 759)	- 38. 190 *** (- 7. 006)
*Vis*1	0. 030 ** (2. 256)	0. 003 (0. 191)		
*Vis*2			0. 318 *** (3. 185)	0. 155 (1. 366)
控制变量	控制	控制	控制	控制
Yea/Pro	控制	控制	控制	控制
样本数	1188	1334	1188	1334
Pseudo_R^2	0. 272	0. 150	0. 278	0. 152
Chow 检验	1. 444 **		1. 482 **	

注：***、**和*分别表示在1%、5%和10%水平上显著（双尾），括号中的 z 值均已经过个体和时间层面的 cluster 调整。Chow 检验原假设为两组之间不存在结构性突变。

8.6.3　官员等级的异质性检验

本研究将走访的官员等级分为省级及以上和省级以下，并根据企业当年度不同等级的官员走访次数定义 Vis1 和 Vis2，以进一步检验官员异质性对企业 ESG 背离的差异性影响，回归结果如表 8 – 15 所示。被解释变量为企业 ESG 背离（Dev）。列（1）和列（2）的结果表明，省级以上的官员走访和省级以下的官员走访均显著促进了企业 ESG 背离，但省级以上的回归官员走访系数大于省级以下的官员走访的回归系数。列（3）和列（4）的结果与之相似。以上说明，随着走访官员等级的提高，官员走访对企业 ESG 背离的促进作用得到增强。这可能是因为：与省级以下官员相比，省级以上官员对环保的重视程度更高。因为在中国的制度背景下，环境治理体制依据行政区域的划分来设置管理权限，按照政府层级的构成进行垂直式领导，也就是中央政府统一制定环境政策，地方政府负责各辖区内环境政策的执行。这就可能造成地方官员可以选择性地执行中央环境政策（聂辉华和李金波，2007），并且官员级别越低，这种选择自主权就越大。

表 8 – 15　　　　　　　　　　　官员等级的异质性检验

变量	Dev			
	（1）省级以上	（2）省级以下	（3）省级以上	（4）省级以下
常数项	– 16. 629 *** （– 4. 395）	– 17. 804 *** （– 4. 782）	– 16. 604 *** （– 4. 395）	– 17. 469 *** （– 4. 687）
Vis1	0. 124 *** （2. 796）	0. 025 ** （2. 152）		
Vis2			0. 390 *** （3. 010）	0. 231 *** （3. 153）
控制变量	控制	控制	控制	控制
Yea/Pro	控制	控制	控制	控制
样本数	2522	2522	2522	2522
Pseudo_R^2	0. 190	0. 187	0. 190	0. 190

　　注：***、** 和 * 分别表示在 1%、5% 和 10% 水平上显著（双尾），括号中的 z 值均已经过个体和时间层面的 cluster 调整。

8.6.4　政府环保导向与企业 ESG 表现

上述研究重点检验了官员走访对企业 ESG 背离的影响和作用机制，以及产权性质和环境规制的调节作用，尚未探讨官员走访与企业 ESG 背离的后果，即本研究检验了官员走访与企业 ESG 背离的关系，而未回应官员走访对企业 ESG 总体水平的影响。因此，本研究将股东责任、社会责任和环境责任相加得到企业 ESG 总分，采用有序逻辑法进行回归，检验官员走访对企业 ESG 表现的影响，被解释变量为企业 ESG 表现。回归结果如表 8 – 16 所示。列（1）中官员走访（$Vis1$）的系数为 0.029，在 1% 的水平上显著为正（z 值 = 2.841）；列（2）中官员走访（$Vis2$）的系数为 0.123，在 5% 的水平上显著为正（z 值 = 2.091）。结果表明，官员走访有利于企业 ESG 表现的总体提高。揭示官员走访虽然引发了被走访企业的 ESG 背离，背离了 ESG 的包容性发展逻辑，但也带来了另一个后果，即 ESG 整体表现的提升。

表 8 – 16　　　　　　　　官员走访与企业 ESG 表现

变量	ESG	
	（1）$Vis1$	（2）$Vis2$
常数项 1	21.412 *** (8.523)	21.756 *** (8.687)
常数项 2	21.853 *** (8.692)	22.196 *** (8.856)
常数项 3	22.696 *** (9.025)	23.039 *** (9.191)
常数项 4	24.035 *** (9.525)	24.372 *** (9.693)
Vis	0.029 *** (2.841)	0.123 ** (2.091)

续表

变量	ESG	
	（1）*Vis*1	（2）*Vis*2
控制变量	控制	控制
Yea/Pro	控制	控制
样本数	2522	2522
Pseudo_R^2	0.184	0.183

注：***、**和*分别表示在1%、5%和10%水平上显著（双尾），括号中的 z 值均已经过个体和时间层面的 cluster 调整。

8.7 研 究 结 论

8.7.1 研究结果

本研究聚焦企业 ESG 背离行为，以官员走访为切入点，检验政府环保导向对重污染企业 ESG 背离行为的影响，利用手工搜集的官员走访数据，构建测量企业 ESG 背离的指标。研究结果表明，官员走访促进企业履行环境责任，但官员走访也带来了企业的 ESG 背离。以上结果在经过工具变量法、Heckman 两阶段回归、PSM 倾向得分匹配法、更换解释变量和被解释变量测量方法、考虑时滞效应的影响等稳健性检验后仍然成立。借助环保监督强度和环保补助两个中介变量，本研究验证官员走访影响企业 ESG 背离行为的机制，结果表明官员走访通过监督效应和资源效应对企业 ESG 背离行为产生影响。本研究还从产权性质和环境规制视角进一步检验官员走访影响企业 ESG 背离行为的边界条件，结果表明，与非国有企业相比，官员走访对企业 ESG 背离行为的促进作用在国有企业中更为显著；与环境规制较弱地区的企业相比，官员走访对企业 ESG 背离行为的促进作用在环境规制较强地区的企业中更为显著。拓展性研究发现，官员走访对企业 ESG 背离的促进作用随着官员等级的提高而增强，官员走访促进了企业 ESG 整体水平的提升。

8.7.2 理论贡献

第一，在社会责任框架下，虽然学者们已经关注到企业履行环境责任的动机，但往往只关注到单一的环境行为，而未能与社会责任和治理责任相结合。虽然 ESG 框架开始将环境、社会和公司治理摆到同等重要的地位，将三者合一看待，但其更侧重投资策略，且较少考察三者之间的内在联系。本研究从官员走访这一非正式机制探讨企业 ESG 背离行为的形成机制，突破了"利益相关者群体是一个整体"的假设，有助于解决 ESG 实践依据不足的难题，从利益相关者责任权衡的角度贡献 ESG 理论。

第二，已有研究考察官员走访对企业环境治理的影响（毛晖等，2022；王红建等，2017），极少关注环境责任与其他责任的权衡问题。本研究发现企业为了响应政府环保诉求，会通过积极承担环境责任的方式掩盖其他责任承担问题。本研究拓展了官员走访的相关研究，并为未来研究企业 ESG 背离问题提供了参考。

第三，在变量测量方面，本研究在参考李和吴（Li and Wu，2020）和颜等（Yan et al.，2021）的基础上，根据第三方机构 ESG 评分数据评价企业各层面责任承担情况，并据此提出了企业 ESG 背离的测量方法，为后续实证研究企业 ESG 背离提供了方法上的借鉴。

8.7.3 实践启示

第一，尽管官员走访能够对企业承担环境责任产生拉动作用，但长期看该种方式容易让企业形成依赖，不利于企业 ESG 责任的包容性发展。因此，需要强化政府作为公共品提供者的责任，在 ESG 领域推动由政府、社会和企业共同承担责任，防范"双碳"目标导向下企业过度响应环保政策而出现履行 ESG 责任时"厚此薄彼"的激励扭曲现象。

第二，企业应根据长期发展战略和短期经营目标来选择履行 ESG 责任的程度，并在此基础上尽量平衡 ESG 责任中的各个维度。从利益相关者责任演进的角度看，企业不仅要积极履行环境责任，还需要在完成环保目标的同时，兼顾股东利益、社会利益和员工利益，实现 ESG 的包容性发展。

8.7.4 研究局限和未来展望

第一，考虑到官员与企业环境行为的关系受到政治周期的影响，本研究的样本期间为 2013 年至 2018 年。未来可以考虑将样本期间拓展至 2023 年，一是可以进一步考察"双碳"目标对官员走访与企业 ESG 背离关系的影响，二是可以深入探究官员走访影响企业 ESG 背离是否存在政治周期的波动。

第二，虽然中央和地方主政官员通常是环境政策的直接制定者和执行人（毛晖等，2022；王红建等，2017），但与主政官员相比，环保官员可能更关注 ESG 的相关议题。受制于研究样本的局限，本研究未将主政官员与环保官员做出区分，未来可以进一步考察环保官员走访对企业 ESG 背离等行为的影响。

第三，企业 ESG 和绿色治理行为的影响因素除了政府官员外，还包括绿色投资者、供应商和公众等（张娆和郭晓旭，2022），限于篇幅，本研究仅考虑了官员走访这一关键要素，后续研究可进一步考虑绿色投资者和供应商等因素对企业 ESG 背离的影响。

第 9 章

投资者绿色关注与企业 ESG 背离[*]

企业 ESG 行动中出现的责任承担的"厚此薄彼"的背离行为，不仅不利于企业 ESG 的高质量发展，也阻碍了"双碳"目标的实现。基于 2011～2022 年深交所上市公司数据，实证检验了投资者绿色关注与企业 ESG 背离的关系。研究发现，投资者绿色关注会引起企业 ESG 背离，并且当分析师关注度较高、高管短视程度较高时，两者之间的正向关系越明显；投资者绿色关注通过增加企业环境治理压力和提高高管环保注意力，促进企业 ESG 背离；在投资者保护程度较高、非重污染、非国有的企业中，投资者绿色关注更容易引起 ESG 背离；企业 ESG 背离损害了企业长期绩

---

* 参考徐建、李晓菲、段梦茹：《投资者绿色关注对企业 ESG 背离的影响效应检验》，载《统计与决策》2024 年第 13 期。

效，投资者绿色关注不能带来企业 ESG 表现的提高。

9.1　问题的提出

在数字时代，投资者作为主要的利益相关者开始在推动企业 ESG 实践方面发挥关键作用。这是由于依托互联网发展起来的新兴信息交流媒介，例如网络媒体和网络互动平台得到快速发展。而由交易所建立的网络互动平台具有迅捷性、公开性和互动性等特点，为投资者与上市公司提供了沟通渠道，使得中小投资者与上市公司之间的交流更频繁且透明（李晓菲和徐建，2023），并且投资者的网络舆论声音成为触发资本市场惩戒和监管部门审查的重要治理机制（Ang et al.，2021）。不仅如此，在一系列环保法律法规的出台的背景下，投资者对企业的绿色关注程度不断提高（Earnhart，2006），成为影响公司绿色创新的重要力量（熊熊等，2023）。那么投资者关于企业绿色行为的"星星之问"，是否会使企业因过度关注环境责任，而对 ESG 的其他责任产生挤出效应？如果存在这种挤出效应，机制是什么？为了回应以上问题，本研究重点关注投资者绿色关注对企业 ESG 背离的影响。

本研究以 2011～2022 年中国深交所上市公司作为研究样本，基于"互动易"平台中的投资者与上市公司的互动信息，使用投资者"绿色"相关信息的提问数来衡量投资者绿色关注，检验投资者绿色关注对企业 ESG 背离行为的诱发作用和影响机制。研究发现：首先，投资者绿色关注与企业 ESG 背离行为之间显著正相关，说明投资者关注的监督机制会影响到企业的 ESG 责任配置，因倾向环境责任而忽视社会责任和治理责任。其次，投资者绿色关注与企业 ESG 背离的正相关关系在分析师关注度较高和管理者更短视的企业中更加显著，表明外部信息环境越透明，管理者越短视，越有可能因投资者绿色关注而出现 ESG 背离行为。再次，机制检验表明，投资者绿色关注对企业 ESG 背离的影响主要通过增加企业环境治理压力和提高企业高管环保关注度来实现。最后，异质性分析表明，投资者绿色关注对企业 ESG 背离的影响存在投资者保护水平差异、行业差异和产权差异，在投资者保护水平更高的企业、非重污染企业和非国有企业中二者关系更为显著；拓展性分析表明，企业 ESG 背离损害了企业的长期绩效，投资者绿色关注并不能促进企业 ESG 表现的提升。

相较于以往文献，本研究可能的贡献在于以下四个方面：第一，现有 ESG 研究主要从利益相关者群体是一个整体的假设出发关注 ESG 总体水平（柳学信等，2022；雷雷等，2023），对隐蔽性较强的 ESG 背离行为鲜有关注。本研究分析了企业 ESG 背离行为及其在投资者方面的动机，为 ESG 背离行为的影响因素研究提供了经验证据，有利于学术界从多维度去考察企业 ESG 状况，拓展了企业 ESG 相关研究的理论视角。第二，现有研究主要关注投资者关注对 ESG 责任总体（陈晓珊和刘洪铎，2023）或单一环境责任维度（熊熊等，2023）的影响，鲜有文献考察投资者绿色关注对 ESG 责任的挤出效应。本研究分析了投资者绿色关注对企业 ESG 背离行为的影响，并揭示了投资者绿色关注如何引发 ESG 背离行为产生，有利于学者们从更多方面考察投资者关注的影响后果，拓展了投资者关注的相关研究。第三，在变量测量方面，本研究根据第三方机构 ESG 评分数据来评价企业各层面责任承担情况，提出了 ESG 背离的测量方式，为后续实证研究企业 ESG 背离提供了方法上的借鉴。第四，本研究探究了企业 ESG 背离行为的形成机制，并考察了投资者绿色关注影响企业 ESG 背离的机制以及作用边界，研究结论为政府和监管机构制定更为科学的 ESG 政策来引导企业平衡各个利益相关者的关系提供了有益帮助。

9.2　理论分析与研究假设

9.2.1　股东积极主义与投资者绿色关注

作为重要的利益相关者，中小股东（包括个人投资者）通过各种手段维护自身利益，被称为"股东积极主义"（Jory et al.，2017）。该概念的出现是由于传统上中小股东因地理位置分散、持股比例较低、获取信息成本高等因素，参与公司治理的积极性不高（曾爱民等，2021）。但近年来，随着中国证券市场投资者自身维权能力和维权意识的不断发展，以及投资者保护制度的逐步完善，个人投资者等中小股东已经突破了"沉默投资者"的形象。特别是随着数据时代的到来，"任何时间、任何地点、任何对象、任何信息、任何方式"的信息交流观念推动了中小股东通过网络投票和网络互动平台参与治理，个人投资者开始焕发活力；此外，数据网络使得由基于搜索来查找信息的方式变为精准信息推送，"影响型"朋友成为社交网络传播信息的重要节点，拉动个人投资者和移动互联网络群体逐步演变成为公司外部治理的重要主体（李维安，2014）。

由交易所建立的"互动易"等网络互动平台为投资者与上市公司提供了沟通渠道（李晓菲和徐建，2023）。与传统的搜索引擎相比，互动平台的问答可以保留痕迹，增加了投资者关注影响的时间长度和受众广度。与个别公司官方微博等社交媒体相比，互动平台受到证券监管部门的约束，权威性更高，且互动平台的互动效果更好。因此，互动平台的开放性和规范性提高了投资者反馈意见和建议的效率和有效性。而随着绿色发展战略上升到国家战略，个人投资者既可以从绿色关注中获得声誉，也可以从绿色关注中获得收益，股东积极主义会催生投资者对绿色关注的增加。也正因如此，个人投资者被证实是亲环境的关键驱动力（Petelczyc，2022）。

9.2.2 投资者绿色关注与企业 ESG 背离

一系列环保目标和环境法律法规的出台推动了投资者对公司"绿色"的关注程度（Earnhart，2006）。与此同时，在数字时代，"互动易"等投资者互动平台，已经成为重要的公司外部监督治理主体。本研究认为投资者绿色关注会增加企业的环境治理压力，并调动企业高管的环境注意力，推动企业积极承担环境责任、消极承担其他 ESG 责任，进而引起企业 ESG 背离。

首先，投资者绿色关注通过在线互动平台施加的舆论压力影响企业 ESG 背离。通常来说，相对于内部声音，企业更重视来自外部的声音和意见（张金艳等，2019）。一些文献已经注意到个人投资者对企业环境行为的影响（Polzin et al.，2019；熊熊等，2023）。一方面，在互动平台环境下，投资者会抵制负面的环境新闻，并发出绿色关注的信号。另一方面，投资者既是信息的消费者，也是信息的生产者和传播者。投资者不仅能够通过与上市公司互动来反映自己对绿色问题的诉求，而且能够促使更多投资者参与到绿色话题的讨论中，有效地加速了信息的扩散，产生了强大的传播效果，从而加大了对企业的舆论压力。不仅如此，投资者的网络舆论具备触发资本市场惩戒和监管部门审查等外部治理机制的作用（Ang et al.，2021）。因此，企业出现负面环境行为，投资者会增加关注；而企业积极响应投资者的环保诉求则向外界释放了一种积极的信号（Takalo and Tanayama，2010），该信号表明企业遵守了法律法规，并且满足了政府的环保诉求，获得了政府和利益相关者的认可。由于企业资金有限，当将一部分资金投入到环境治理上时，其他生产型投资必然会受到影响，从而产生 ESG 背离。

其次，投资者绿色关注通过调动管理者的绿色注意力配置影响企业 ESG

背离。环境责任具有周期长、不可预测性和高风险的特点（Lam，2016），且在短期内，履行环境责任会降低实际和预期的财务业绩。因此，股东对环境责任实施的监督成本和环境责任履行的不确定性对股东评价管理者的努力程度提出了挑战。同时，关注即时结果和个人利益的高管可能没有动力将资源分配给可能不会显示即时经济效益的环境活动（Luong et al.，2017）。但投资者绿色关注改变了高管的这种动机和意愿，促使企业关注环境责任（熊熊等，2023）。因为伴随着投资者绿色关注程度的增加，企业所面临的政府、社会公众和媒体的关注也相应增加，这些利益相关者会对高管在环境责任方面的决策施加更为严格的监督。在此情况下，高管少履行或不履行环境责任的机会主义行为的可能性降低，会积极更多环境责任以响应众多利益相关者的诉求。此外，随着越来越多的绿色关注，企业履行环境责任能够帮助企业树立良好形象，帮助高管维护良好声誉。刘柏和卢家锐（2018）研究就表明管理者会通过积极地承担企业责任的方式来满足利益相关者需要，避免管理者自身声誉受到损失。

综上所述，投资者绿色关注增加了企业将资源向环境责任上倾斜的压力和动力，使企业被迫放弃他们本应进行的投向其他 ESG 责任诉求的投资（Cheng et al.，2014），进而产生 ESG 背离。据此，本研究提出研究假设：

H9 - 1：限定其他条件，投资者绿色关注与企业 ESG 背离正相关。

9.2.3　分析师关注的调节作用

分析师具有专业的能力素养和广泛的信息渠道，可以降低个人投资者与公司之间的信息不对称程度（阚沂伟等，2022）。一方面，个人投资者作为信息生产者和传播者，他们的关注能够对企业形成压力。而分析师对上市公司的分析和评级提高了公司的信息透明度，有助于个人投资者更全面地了解公司的环境责任状况（蒋艺翅和姚树洁，2023）。并且在外部信息环境较好的情况下，分析师也可以通过追踪上市公司年报、关注互动平台情况等对企业行为进行有效监督（李晓菲和徐建，2022），保证了投资者与上市公司互动的效率和有效性。另一方面，在有分析师关注的情形下，个人投资者生产和传播的信息是基于分析师对公司绿色信息的有效挖掘和解读，企业对这种信息的相信程度和接受意愿更大，更会推动企业高管的注意力转向企业环境责任方面。综合两方面的因素，可以认为分析师关注通过强化企业的环境治理压力和环保注意力配置，影响企业 ESG 背离行为。据此，本研究提出研究假设：

H9 - 2：限定其他条件，当分析师关注度越高时，投资者绿色关注对企业 ESG 背离的正向作用越显著。

9.2.4 管理者短视的调节作用

作为企业掌舵者的管理者并非都具有长远的发展眼光（胡楠等，2021），可能是短视的。起源于社会心理学的时间导向理论，认为管理者短视是指管理者的决策视域较短，相对于关注企业未来发展，管理者更倾向于关注当下能够即刻满足的利益（Laverty，1996；胡楠等，2021）。管理者短视更容易使企业的注意力按照投资者的关注进行配置，从而加剧企业 ESG 背离。通常情况下，企业应该按照发展目标和现有资源情况配置投向 ESG 责任的资源，但管理者短视限制了高管的注意力，此时高管们往往只关注任期内的绩效评估和个人利益，而不是优先考虑公司的长期利益。因此，随着投资者绿色关注的增加，高管们意识到他们的行为将受到外部利益相关者在环境绩效方面的更严格的评估。此时，目光短浅的管理者们可能会以牺牲 ESG 的其他责任为代价，优先考虑企业的环境责任，从而加剧企业 ESG 背离。据此，本研究提出研究假设：

H9 - 3：限定其他条件，当管理者短视程度较高时，投资者绿色关注对企业 ESG 背离的正向作用更为显著。

9.3 研 究 设 计

9.3.1 样本选择与数据来源

本研究选取 2011～2022 年全部 A 股上市公司作为原始研究样本。之所以选择这个时间段,是因为深交所"互动易"平台自 2010 年开始运营,从运营第二年开始投资者与上市公司互动的信息披露逐渐健全。本研究数据来源如下:本研究根据深交所"互动易"平台手工整理投资者有关"绿色"的提问数。本研究在样本筛选过程中剔除了金融行业、被 ST 或 *ST 的公司样本;剔除各控制变量存在缺失以及相关数据异常的样本。经过上述筛选,最终得到 14381 个观测样本,为减少极端值对结果的影响,对主要连续变量进行 1% 的缩尾(Winsorize)处理。上市公司 ESG 数据来自 Wind 资讯金融终端,其余数据来源于国泰安(CSMAR)数据库。

9.3.2 模型设定和变量说明

为了验证研究假设 H9－1,本研究构建模型(9－1):

$$Dev_{i,t} = \beta_0 + \beta_1 Gatt_{i,t-1} + \beta_n \sum_{n=2}^{13} Con_{i,t} + \sum Year_{i,t} + \sum Industry_{i,t} + \varepsilon_{i,t}$$

$$(9-1)$$

为了验证调节效应的存在,本研究构建含交乘项的回归模型(9－2)和模型(9－3):

$$Dev_{i,t} = \beta_0 + \beta_1 Gatt_{i,t-1} + \beta_2 Ana_{i,t-1} \times Gatt_{i,t-1} + \beta_n \sum_{n=2}^{13} Con_{i,t}$$

$$+ \sum Year_{i,t} + \sum Industry_{i,t} + \varepsilon_{i,t} \qquad (9-2)$$

$$Dev_{i,t} = \beta_0 + \beta_1 Gatt_{i,t-1} + \beta_2 Bstock_{i,t-1} \times Gatt_{i,t-1} + \beta_n \sum_{n=2}^{13} Con_{i,t}$$

$$+ \sum Year_{i,t} + \sum Industry_{i,t} + \varepsilon_{i,t} \qquad (9-3)$$

模型中所涉及的主要研究变量说明如下：

9.3.2.1 被解释变量：企业 ESG 背离

现有文献主要根据企业社会责任报告打分法、内容分析法（Li and Lu，2020）和第三方机构评级（Li and Wu，2020；Yan et al.，2021）等来测量企业 ESG 责任履行表现。本研究参考李和吴（Li and Wu，2020）和颜等（Yan et al.，2021）的做法，根据第三方机构 ESG 评分数据来评价企业各层面责任承担情况。本研究选取华证 ESG 评级作为企业 ESG 衡量指标，以企业其他利益相关者责任（ESG 中的社会责任和治理责任）评分来判断企业是否消极承担其他 ESG 责任，指标包括股东责任和社会责任等内容。具体地，若该公司股东责任或社会责任中有一项得分低于行业年度中位数，则认为该公司消极承担其他 ESG 责任。若该公司履行环境责任，且未履行其他 ESG 责任，则 Dev 定义为 1，否则为 0。

9.3.2.2 解释变量：投资者绿色关注

本研究首先借助 Python 软件抓取数据和文本分析技术获得"互动易"问答信息；然后以"互动易"的公司问答数为基础，构建绿色词典来提取相关文本信息，如"环境""污染""可持续发展""资源""循环利用"等；最后，借鉴熊熊等（2023）的研究，计算个人投资者每年对某个上市公司的绿色相关提问总数，将投资者绿色相关提问数的自然对数定义投资者绿色关注（$Gatt$）。

9.3.2.3 调节变量：分析师关注和管理者短视

本研究借鉴蒋艺翅等（2023）的研究，将分析师对上市公司出具的研究报告总量取自然对数定义为分析师关注（Ana）；借鉴胡楠等（2021）的研究，将管理者短视主义（$Myopia$）定义为"短期视域"相关词汇总词频在当年年报 MD&A 文本总词频中的占比，再乘以 100。

9.3.2.4 控制变量

借鉴熊熊等（2023）、吴建祖等（2021）、尹礼汇等（2021）和王辉等（2022）的做法，本研究控制了公司层面的变量，包括公司规模（$Size$）、上市年龄（Age）、资产负债率（Lev）、盈利水平（Roa）、董事会规模（$Bsize$）、产权性质（Soe）、独立董事比例（$Indep$）、股权制衡度（$Balance$）和管理层薪酬（Pay）。考虑到政府环保关注情况和地区经济发展可能会对公司的环保行为产生影响，本研究控制了环境规制力度（$Regul$）和人均地区生产总值（Gdp）。同时，本研究控制了个人投资者其他关注（$Other$）和绿色投资者（GI）对企业 ESG 背离的影响，主要研究变量定义如表 9 - 1 所示。

表 9 - 1　　　　　　　　　　　　　　变量定义

变量类型	变量符号	变量名称	变量定义
被解释变量	Dev	企业 ESG 背离	若该公司履行环境责任，且未履行其他 ESG 责任，则定义为 1，否则为 0
解释变量	$Gatt$	绿色关注	投资者绿色相关提问总数加 1 取自然对数
调节变量	Ana	分析师关注	分析师对上市公司出具的研究报告总量加 1 取自然对数
	$Myopia$	管理者短视	"短期视域"相关词汇总词频在当年年报 MD&A 文本总词频中的占比 ×100

续表

变量类型	变量符号	变量名称	变量定义
控制变量	Size	公司规模	公司期末总资产取自然对数
	Age	上市年龄	公司上市年限加 1 取自然对数
	Lev	资产负债率	公司期末总负债/公司期末总资产
	Roa	盈利水平	公司期末净利润总额/公司期末总资产
	Other	其他关注	投资者非绿色相关提问总数加 1 取自然对数
	GI	绿色投资者	绿色投资者个数加 1 取自然对数
	Bsize	董事会规模	董事会总人数
	Soe	产权性质	若公司为国有控股则赋值为 1，否则为 0
	Indep	独立董事比例	独立董事人数/董事会总人数 ×100
	Balance	股权制衡度	第二至第五大股东持股比例之和/第一大股东持股比例
	Pay	管理层薪酬	管理层前三名薪酬总额加 1 取自然对数
	Regul	环境规制	政府工作报告中环境规制力度相关词频数
	Gdp	人均生产总值	人均生产总值取自然对数

9.4 实证结果和分析

9.4.1 描述性统计

表 9 - 2 列出的是本研究主要研究变量的描述性统计。企业 ESG 背离（Dev）的均值为 0.337，标准差为 0.473，说明企业之间的 ESG 背离存在较大差异。投资者绿色关注的均值为 1.765，标准差为 1.894，说明企业之间的投资者绿色关注情况也存在较大差异。产权性质的均值为 0.292，说明样本中有 29.20% 的企业为国有企业。

表 9-2 描述性统计结果

变量	观测值	均值	标准差	最小值	最大值
Dev	14381	0.337	0.473	0	1.000
Gatt	14381	1.765	1.894	0	5.476
Myopia	14381	0.107	0.099	0	0.592
Ana	14381	1.730	1.492	0	4.691
Size	14381	22.145	1.139	19.919	25.605
Age	14381	2.239	0.670	0.693	3.332
Lev	14381	0.412	0.203	0.047	0.909
Roa	14381	0.035	0.070	-0.262	0.222
Other	14381	1.806	2.014	0	5.591
GI	14381	0.555	0.765	0	2.833
Bsize	14381	8.404	1.528	5.000	13.000
Soe	14381	0.292	0.455	0	1.000
Indep	14381	37.650	5.468	33.330	57.140
Balance	14381	0.784	0.610	0.033	2.770
Pay	14381	14.548	0.707	12.899	16.562
Regul	14381	60.619	18.400	25.000	116.000
Gdp	14381	11.186	0.409	10.153	12.065

9.4.2 相关性分析

本研究的主要研究变量相关性分析结果如表 9-3 所示，左下角为 Pearson 相关系数，右上半角为 Spearman 相关系数。可以看出，控制变量之间相关系数的绝对值均在 0.8 以下，排除了模型中可能存在的多重共线性问题。

表 9 - 3

相关系数

变量	Dev	Gatt	Size	Age	Lev	Roa	Other	GI	Bsize	Soe	Indep	Balance	Pay	Regul	Gdp
Dev	1	0.025***	0.087***	0.018**	0.125***	-0.094***	0.015*	0.001	0.030***	0.012	-0.047***	0.022***	0.007	-0.006	0.047***
Gatt	0.026***	1	-0.066***	-0.079***	0.036***	0.027***	0.715***	-0.035***	0.018**	-0.003	-0.020**	-0.038***	-0.105***	-0.005	-0.032***
Size	0.078***	-0.070***	1	0.450***	0.476***	0.016*	-0.098***	0.315***	0.197***	0.298***	-0.051***	-0.065***	0.470***	0.082***	0.080***
Age	0.027***	-0.075***	0.439***	1	0.337***	-0.183***	-0.120***	-0.037***	0.128***	0.463***	-0.022***	-0.134***	0.237***	0.045***	0.000
Lev	0.121***	0.028***	0.474***	0.341***	1	-0.371***	0.019***	0.004	0.104***	0.240***	-0.014*	-0.093***	0.121***	0.032***	-0.023***
Roa	-0.083***	0.052***	0.059***	-0.140***	-0.335***	1	0.066***	0.352***	0.032***	-0.110***	-0.027***	0.011	0.196***	0.023***	0.023***
Other	0.014*	0.716***	-0.102***	-0.117***	0.014	0.066***	1	-0.023***	0.031***	-0.007	-0.035***	-0.041***	-0.151***	0.014*	-0.084***
GI	-0.000	-0.046***	0.356***	-0.005	0.009	0.321***	-0.041***	1	0.058***	-0.006	-0.009	0.031***	0.240***	0.075***	0.043***
Bsize	0.022***	0.020***	0.220***	0.132***	0.111***	0.053***	0.030***	0.061***	1	0.253***	-0.634***	0.030***	0.075***	-0.032***	-0.104***
Soe	0.012	-0.003	0.315***	0.445***	0.244***	-0.051***	-0.005	-0.002	0.237***	1	-0.073***	-0.193***	0.045***	-0.008	-0.175***
Indep	-0.044***	-0.023***	-0.027***	-0.011	-0.011	-0.021***	-0.034***	0.005	-0.553***	-0.065***	1	-0.015*	-0.019***	0.038***	0.035***
Balance	0.013	-0.033***	-0.050***	-0.105***	-0.094***	-0.026***	-0.034***	0.023***	0.041***	-0.166***	-0.022***	1	0.092***	0.007	0.093***
Pay	0.002	-0.104***	0.500***	0.233***	0.120***	0.159***	-0.148***	0.287***	0.089***	0.046***	-0.014*	0.084***	1	0.138***	0.298***
Regul	-0.008	0.001	0.075***	0.051***	0.023***	0.021**	0.025***	0.080***	-0.022***	-0.010	0.034***	0.009	0.123***	1	0.017**
Gdp	0.047***	-0.030***	0.066***	0.014*	-0.035***	-0.027***	-0.086***	0.052***	-0.102***	-0.174***	0.030***	0.081***	0.287***	0.035***	1

注：左（下）、右（上）半角分别报告的是 Pearson 和 Spearman 相关系数，***、**和 * 分别表示在1%、5%和10%的水平上显著（双尾）。

9.4.3　回归结果分析

投资者绿色关注与企业 ESG 背离的回归结果如表 9 – 4 中列（1）和列（2）所示。被解释变量为企业 ESG 背离（Dev），解释变量为投资者绿色关注（Gatt）。列（1）中投资者绿色关注（Gatt）的系数为 0.034，在 1% 的水平上显著为正；列（2）中加入控制变量回归的投资者绿色关注（Gatt）的系数为 0.035，在 5% 的水平上显著为正。回归结果表明，投资者绿色关注显著促进了企业 ESG 背离，主要是由于投资者绿色关注增加了企业的环境治理压力，并且促使企业高管将注意力更多配置到 ESG 责任的环境方面，从而产生 ESG 背离。研究假设 H9 – 1 得到支持。

表 9 – 4　　　　　　　　　投资者绿色关注与企业 ESG 背离

变量	(1) Dev	(2) Dev	(3) Dev	(4) Dev
Gatt	0.034 *** (3.509)	0.035 ** (2.451)	0.037 ** (2.535)	0.036 ** (2.518)
Gatt × Ana			0.011 * (1.758)	
Ana			– 0.034 * (– 1.799)	
Gatt × Myopia				0.173 * (1.756)
Myopia				– 0.097 (– 0.494)
Size		0.182 *** (7.730)	0.196 *** (7.973)	0.182 *** (7.733)
Age		– 0.088 ** (– 2.510)	– 0.101 *** (– 2.842)	– 0.089 ** (– 2.515)

续表

变量	(1) Dev	(2) Dev	(3) Dev	(4) Dev
Lev		1.094 *** (9.298)	1.077 *** (9.145)	1.101 *** (9.347)
Roa		-1.483 *** (-4.915)	-1.342 *** (-4.340)	-1.492 *** (-4.935)
Other		0.004 (0.310)	0.001 (0.077)	0.003 (0.215)
GI		-0.029 (-1.046)	0.003 (0.093)	-0.030 (-1.052)
Bsize		-0.021 (-1.358)	-0.019 (-1.282)	-0.021 (-1.355)
Soe		-0.018 (-0.385)	-0.022 (-0.452)	-0.018 (-0.386)
Indep		-0.022 *** (-5.310)	-0.022 *** (-5.316)	-0.022 *** (-5.266)
Balance		0.042 (1.371)	0.043 (1.419)	0.043 (1.420)
Pay		-0.170 *** (-5.170)	-0.166 *** (-5.027)	-0.170 *** (-5.167)
Regul		-0.001 (-0.734)	-0.001 (-0.741)	-0.001 (-0.729)
Gdp		0.197 *** (3.621)	0.198 *** (3.640)	0.195 *** (3.578)
常数项	-115.292 *** (-4.710)	-99.000 *** (-3.672)	-94.436 *** (-3.481)	-97.241 *** (-3.588)
Year/Industry	控制	控制	控制	控制
样本数	14381	14381	14381	14381
Pseudo_R^2	0.008	0.029	0.029	0.029

注： *** 、 ** 和 * 分别表示在 1%、5% 和 10% 水平上显著（双尾），括号中的 z 值均已经过个体和时间层面的 cluster 调整。下同。

投资者绿色关注、分析师关注与企业 ESG 背离的结果如表 9 – 4 中列
（3）所示。投资者绿色关注与分析师关注度的交乘项（$Gatt \times Ana$）的系数为
0.011，在 10% 的水平上显著为正。回归结果表明，分析师关注强化了投资
者绿色关注对企业 ESG 背离的影响，研究假设 H9 – 2 得到验证。投资者绿色
关注、管理者短视与企业 ESG 背离的结果如表 9 – 4 中列（4）所示。投资者
绿色关注与管理者短视的交乘项（$Gatt \times Myopia$）的系数为 0.173，在 10% 的
水平上显著为正。回归结果表明，管理者短视强化了投资者绿色关注对企业
ESG 背离的，研究假设 H9 – 3 得到验证。

在控制变量方面，公司规模（$Size$）、资产负债率（Lev）和人均地区生
产总值（Gdp）的系数显著为正，表明企业规模越大、财务杠杆越高、地区
经济发展水平越高的企业 ESG 背离情况越明显。上市年龄（Age）、盈利水平
（Roa）、独立董事比例（$Indep$）和管理层薪酬（Pay）显著为负，这表明上
市时间越长、企业盈利状况越好、独立董事比例越高和管理层薪酬水平越高
的企业，ESG 背离情况越少。

9.4.4 稳健性分析

为了保证上文研究结论的稳健性，本研究主要通过以下方法进行检验。

9.4.4.1 工具变量检验

投资者绿色关注与企业 ESG 背离之间可能存在互为因果和遗漏变量的内
生性问题，因此，本研究采用工具变量法进行稳健性检验。本研究借鉴游家
兴等（2023）的研究，工具变量选取了各城市每年互联网宽带接入用户数
（取自然对数），用 IV 表示。选取的理由在于：第一，城市每年互联网宽带接
入用户数反映了当地互联网普及程度，与互动平台应用以及投资者绿色关注
指标息息相关，满足了工具变量设置的相关性要求。第二，城市互联网宽带

接入用户数量属于宏观层面变量，很难直接影响企业 ESG 背离，符合工具变量设置的外生性要求。

表 9 - 5 中列（1）和列（2）列示了工具变量法的回归结果，在列（1）中，*IV* 的回归系数为 0.035，并且在 5% 水平上显著为正，工具变量与解释变量高度相关，满足工具变量的相关性要求，弱工具变量检验结果显示，Cragg-Donald Wald 统计量为 3.85，在 5% 的水平上显著，拒绝弱工具变量假设。列（2）中，*Gatt* 的回归系数为 0.780，在 1% 水平上显著为正，研究假设 H9 - 1 依旧成立。在采用工具变量来缓解互为因果和遗漏变量的内生性问题以后，主要回归结果基本保持不变。

表 9 - 5　　　　　　　　　稳健性检验结果

变量	(1) *Gatt*	(2) *Dev*	(3) *Dev*	(4) *Dev*	(5) *Dev-new*	(6) *Dev*	(7) *Dev*
IV	0.035 ** (2.147)						
Gatt		0.780 *** (18.923)	0.037 ** (2.246)		0.044 *** (2.724)	0.036 ** (2.421)	0.036 * (1.778)
Gratio				0.249 ** (2.489)			
Size	-0.040 *** (-2.819)	0.069 *** (3.523)	0.184 *** (5.843)	0.184 *** (7.784)	0.145 *** (5.297)	0.184 *** (7.400)	0.190 *** (6.875)
Age	-0.110 *** (-5.267)	0.066 *** (2.875)	-0.063 (-1.382)	-0.090 ** (-2.574)	-0.032 (-0.796)	-0.110 *** (-2.965)	-0.121 *** (-2.951)
Lev	0.295 *** (4.343)	-0.006 (-0.043)	1.101 *** (6.911)	1.091 *** (9.268)	-0.187 (-1.419)	1.144 *** (9.237)	1.101 *** (8.020)
Roa	1.100 *** (6.269)	-1.180 *** (-6.630)	-1.007 ** (-2.359)	-1.482 *** (-4.910)	0.899 *** (2.665)	-1.826 *** (-5.753)	-1.691 *** (-4.573)

续表

变量	(1) Gatt	(2) Dev	(3) Dev	(4) Dev	(5) Dev-new	(6) Dev	(7) Dev
Other	0.696 *** (124.287)	−0.538 *** (−16.884)	−0.015 (−0.930)	0.009 (0.754)	0.001 (0.089)	0.002 (0.121)	0.006 (0.326)
GI	−0.052 *** (−3.191)	0.034 ** (2.374)	−0.037 (−0.923)	−0.028 (−0.993)	−0.141 *** (−4.335)	−0.023 (−0.804)	0.012 (0.384)
Bsize	0.021 ** (2.414)	−0.020 *** (−2.697)	−0.034 (−1.604)	−0.021 (−1.358)	−0.035 ** (−2.011)	−0.015 (−0.970)	−0.024 (−1.362)
Soe	0.062 ** (2.227)	−0.053 ** (−2.221)	0.020 (0.311)	−0.022 (−0.450)	0.080 (1.474)	0.056 (1.115)	−0.073 (−1.275)
Indep	0.004 (1.614)	−0.007 *** (−2.688)	−0.025 *** (−4.385)	−0.022 *** (−5.309)	−0.018 *** (−3.947)	−0.022 *** (−5.091)	−0.021 *** (−4.298)
Balance	−0.045 *** (−2.582)	0.043 *** (2.862)	0.074 * (1.805)	0.042 (1.381)	−0.140 *** (−3.970)	0.041 (1.311)	0.029 (0.838)
Pay	−0.033 * (−1.728)	−0.010 (−0.417)	−0.219 *** (−4.914)	−0.168 *** (−5.105)	−0.117 *** (−3.121)	−0.161 *** (−4.580)	−0.137 *** (−3.573)
Regul	−0.002 *** (−3.343)	0.001 ** (2.162)	−0.001 (−0.366)	−0.001 (−0.745)	−0.000 (−0.364)	0.010 (0.287)	−0.002 * (−1.794)
Gdp	0.001 (0.040)	0.032 (0.992)	0.281 *** (3.813)	0.196 *** (3.605)	0.015 (0.244)	−1.738 (−0.573)	0.174 *** (2.791)
常数项	−65.384 *** (−5.250)	39.709 *** (2.739)	−89.281 *** (−2.684)	−101.618 *** (−3.754)	−203.661 *** (−7.277)	0.831 (0.429)	−65.775 ** (−2.313)
Year/Industry	控制	控制	控制	控制	控制	控制	控制
样本数	13975	13975	8001	14381	14381	14285	10867
Wald 检验/ Pseudo_R^2	3.85 **		0.032	0.029	0.021	0.057	0.029

9.4.4.2 倾向得分匹配法检验

倾向得分匹配法可以消除因个体特征所带来的样本自选择问题，本研究参考以往文献（董馨格等，2023），首先通过逻辑回归模型来估计投资者绿色关注的概率，然后根据估计出来的概率对公司进行排序，按照 1∶4 的最近邻匹配法得分进行匹配，得到 8001 个匹配样本，最后对匹配样本进行回归分析。本研究建立的逻辑回归模型（9 - 4）如下所示：

$$Gatt\_dum_{t+1} = \alpha_0 + \alpha_1 \sum control_t + \varepsilon \qquad (9-4)$$

回归结果如表 9 - 5 中列（3）所示。可以看到，列（3）*Gatt* 的系数为 0.037，在 5% 水平上显著为正，结果表明在控制自选择偏差后，研究假设 1 依旧成立。

9.4.4.3　更换投资者绿色关注的度量方式

本研究采用投资者绿色相关提问总数与总提问数的比值构造绿色关注相对指标 *Gratio*。回归结果如表 9 - 5 中列（4）所示，*Gratio* 的系数为 0.249，且在 5% 的置信水平上显著。回归结果表明，在更换投资者绿色关注度量方式后，回归结果与前文保持一致。

9.4.4.4　更换企业 ESG 背离度量方式

本研究采用中国研究数据服务平台（CNRDS）中对企业 ESG 表现评分数据构造企业 ESG 背离替代指标 *Dev-new*。回归结果如表 9 - 5 中列（5）所示，*Gatt* 的系数为 0.044，在 1% 水平上显著为正。回归结果表明，在更换企业 ESG 背离的度量方式后，回归结果与前文保持一致。

9.4.4.5　排除地区性和行业性政策的影响

考虑到不同地区和行业之间可能存在的不同趋势，在模型中加入地区和时间趋势项的交互项、行业和时间趋势项的交互项，可以在一定程度上缓解由于遗漏地区因素、行业因素所造成的影响。回归结果如表 9 - 5 中列（6）所示。回归结果表明，在加强对地区和行业时间趋势固定后，回归结果与前文保持一致。

9.4.4.6　改变样本期间

借鉴李宗泽等（2023）的研究，2020 年暴发新冠疫情对于金融市场与宏观经济产生巨大冲击，2020 年作为一个较为特殊的年份会对企业整体 ESG 背离产生非自然的调节影响从而导致其结果产生偏误，所以在稳健性检验中剔除该年之后的数据进行回归。回归结果如表 9 - 5 中列（7）所示，$Gatt$ 的系数为 0.036，且在 10% 的置信水平上显著。回归结果表明，在剔除 2020 年之后样本后，回归结果与前文保持一致。

9.5　进一步分析

9.5.1　中介效应检验

前文理论分析中从环境治理压力和高管环保注意力视角提出投资者绿色关注会增加企业 ESG 背离行为。为了进一步验证两种视角的合理性，本研究分别使用环境治理压力和高管环保注意力两个指标作为中介变量来验证上述两种机制。

9.5.1.1　企业环境治理压力的中介效应检验

借鉴张琦等（2019）的研究，将在建工程附注中涉及环境治理、绿色生产等的投资支出项目（如脱硫脱硝、污水处理、废气废渣处理和清洁生产等）加总，得出该年度企业的环保投资规模，并进行标准化处理，除以该年年末总资产来衡量企业环保投资（Epi）。回归结果如表 9 - 6 中列（1）和列

（2）所示。列（1）中投资者绿色关注 *Gatt* 的系数为 0.019，在 1% 的水平上显著为正；列（2）中企业环境治理压力 *Epi* 的系数为 0.011，且在 1% 的水平上显著为正。回归结果表明，投资者绿色关注通过增加企业环境治理压力加强了对企业 ESG 背离的影响，验证了企业环境治理压力的中介机制。

表 9-6 中介效应检验

变量	（1） *Epi*	（2） *Dev*	（3） *Attention*	（4） *Dev*
Gatt	0.019 *** (3.408)	0.034 ** (2.357)	0.043 ** (2.007)	0.026 * (1.746)
Epi		0.111 *** (5.459)		
Attention				0.092 *** (18.356)
Size	0.037 ** (2.235)	0.174 *** (7.364)	0.041 (0.653)	0.141 *** (5.771)
Age	0.007 (0.189)	-0.084 ** (-2.401)	-0.292 ** (-2.111)	-0.066 * (-1.859)
Lev	0.181 *** (2.756)	1.060 *** (8.981)	0.096 (0.386)	1.066 *** (8.942)
Roa	0.209 * (1.754)	-1.492 *** (-4.945)	0.468 (1.037)	-1.556 *** (-5.127)
Other	0.002 (0.341)	0.005 (0.350)	-0.001 (-0.045)	0.005 (0.353)
GI	-0.023 ** (-1.990)	-0.030 (-1.070)	0.051 (1.174)	-0.019 (-0.658)
Bsize	-0.006 (-0.685)	-0.017 (-1.141)	-0.029 (-0.867)	-0.024 (-1.559)
Soe	0.040 (0.957)	-0.022 (-0.450)	-0.182 (-1.162)	-0.054 (-1.112)

变量	(1) Epi	(2) Dev	(3) Attention	(4) Dev
Indep	-0.002 (-1.139)	-0.021 *** (-5.069)	-0.006 (-0.714)	-0.022 *** (-5.082)
Balance	0.014 (0.704)	0.040 (1.335)	-0.114 (-1.520)	0.054 * (1.744)
Pay	0.024 (1.251)	-0.164 *** (-4.978)	-0.017 (-0.242)	-0.146 *** (-4.379)
Regul	0.000 (0.512)	-0.001 (-0.720)	-0.001 (-0.526)	-0.000 (-0.430)
Gdp	0.026 (0.351)	0.197 *** (3.616)	-0.319 (-1.149)	0.219 *** (3.923)
常数项	10.886 (0.741)	-98.689 *** (-3.645)	308.979 *** (5.561)	-137.888 *** (-5.044)
Year/Industry	控制	控制	控制	控制
样本数	14381	14381	14381	14381
R^2/Pseudo_R^2	0.007	0.031	0.177	0.050

9.5.1.2 高管环保注意力的中介效应检验

借鉴吴建祖等（2021）的研究，统计管理层 MD$A 文中与绿色关注相关的关键词词频，定义为高管环保注意力（Attention）。回归结果如表 9-6 中列（3）和列（4）所示。列（3）中投资者绿色关注 Gatt 的系数为 0.043，且在 5% 的水平上显著为正；列（4）中高管环保注意力 Attention 的系数为 0.092，且在 1% 的水平上显著为正。回归结果表明，投资者绿色关注通过提升高管环保注意力加强对企业 ESG 背离的影响，验证了高管环保注意力的中介机制。

9.5.2 异质性分析

为了进一步验证投资者绿色关注影响企业 ESG 背离的情境，本研究从投资者保护水平、行业性质和产权性质三个方面进行分析。

9.5.2.1 投资者保护水平异质性

借鉴王禹等（2023）的研究，采用北京工商大学投资者保护指数（Ivp），从会计信息质量、内部控制、外部审计以及财务运行等维度衡量投资者保护程度，若企业的投资者保护指数高于行业年度中位数，则该公司被认为具有较高的投资者保护水平；否则，该公司被认为具有较低的投资者保护水平。回归结果如表 9 – 7 中列（1）和列（2）所示，列（1）高投资保护水平组投资者绿色关注 $Gatt$ 的系数为 0.064，在 1% 的水平上显著为正，列（2）低投资者保护水平组中 $Gatt$ 的系数不显著，Suest 组间系数差异性检验统计量为 4.38，系数在 5% 的水平上显著。以上结果表明，当企业投资者保护水平较高时，个人投资者参与公司治理的积极性更高，进而使得投资者绿色关注对企业 ESG 背离的影响更为突出。

表 9 – 7　　　　　　　　　　　异质性检验

变量	$Ivp = 1$	$Ivp = 0$	$Pollute = 1$	$Pollute = 0$	$Soe = 1$	$Soe = 0$
	（1） Dev	（2） Dev	（3） Dev	（4） Dev	（5） Dev	（6） Dev
$Gatt$	0.064 *** (3.168)	0.003 (0.144)	− 0.005 (− 0.203)	0.061 *** (3.451)	− 0.003 (− 0.099)	0.050 *** (2.895)
$Size$	0.144 *** (4.324)	0.238 *** (6.778)	0.040 (0.963)	0.268 *** (8.959)	0.156 *** (3.894)	0.204 *** (6.621)
Age	− 0.033 (− 0.648)	− 0.129 *** (− 2.600)	− 0.126 * (− 1.916)	− 0.060 (− 1.412)	− 0.082 (− 1.167)	− 0.090 ** (− 2.145)

续表

变量	Ivp = 1 (1) Dev	Ivp = 0 (2) Dev	Pollute = 1 (3) Dev	Pollute = 0 (4) Dev	Soe = 1 (5) Dev	Soe = 0 (6) Dev
Lev	1. 382 *** (7. 659)	0. 862 *** (5. 444)	1. 334 *** (6. 258)	0. 968 *** (6. 746)	0. 629 *** (2. 871)	1. 284 *** (9. 028)
Roa	− 2. 225 *** (− 4. 838)	− 0. 908 ** (− 2. 224)	− 0. 901 (− 1. 565)	− 1. 752 *** (− 4. 886)	− 2. 839 *** (− 4. 091)	− 1. 118 *** (− 3. 269)
Other	− 0. 014 (− 0. 702)	0. 024 (1. 189)	0. 011 (0. 438)	− 0. 001 (− 0. 032)	− 0. 001 (− 0. 043)	0. 006 (0. 357)
GI	− 0. 036 (− 1. 000)	0. 008 (0. 163)	− 0. 038 (− 0. 705)	− 0. 020 (− 0. 606)	0. 026 (0. 501)	− 0. 052 (− 1. 555)
Bsize	− 0. 025 (− 1. 230)	− 0. 013 (− 0. 565)	− 0. 035 (− 1. 317)	− 0. 014 (− 0. 727)	− 0. 020 (− 0. 830)	− 0. 024 (− 1. 177)
Soe	− 0. 052 (− 0. 793)	0. 034 (0. 466)	0. 125 (1. 420)	− 0. 056 (− 0. 957)		
Indep	− 0. 022 *** (− 3. 895)	− 0. 023 *** (− 3. 638)	− 0. 010 (− 1. 318)	− 0. 029 *** (− 5. 747)	− 0. 007 (− 0. 998)	− 0. 028 *** (− 5. 138)
Balance	0. 053 (1. 292)	0. 035 (0. 770)	0. 163 *** (2. 847)	− 0. 026 (− 0. 709)	0. 062 (0. 994)	0. 039 (1. 122)
Pay	− 0. 103 ** (− 2. 300)	− 0. 233 *** (− 4. 674)	− 0. 049 (− 0. 831)	− 0. 240 *** (− 5. 851)	− 0. 182 *** (− 2. 841)	− 0. 177 *** (− 4. 432)
Regul	− 0. 001 (− 0. 935)	− 0. 000 (− 0. 179)	− 0. 001 (− 0. 544)	− 0. 001 (− 0. 560)	− 0. 002 (− 0. 913)	− 0. 000 (− 0. 127)
Gdp	0. 135 * (1. 798)	0. 278 *** (3. 472)	0. 151 (1. 624)	0. 154 ** (2. 252)	0. 280 *** (2. 835)	0. 159 ** (2. 388)
常数项	− 33. 535 (− 0. 883)	− 158. 157 *** (− 4. 087)	− 98. 362 ** (− 2. 191)	− 108. 598 *** (− 3. 138)	− 136. 060 *** (− 3. 152)	− 49. 965 (− 1. 380)
Year/Industry	控制	控制	控制	控制	控制	控制
Suest Chi2	4. 38		4. 40		2. 80	
Suest P	0. 036		0. 036		0. 094	
样本数	7847	6534	4420	9961	4198	10176
Pseudo_R^2	0. 033	0. 033	0. 030	0. 044	0. 040	0. 032

9.5.2.2 行业异质性

本研究按照污染性质为重污染和非重污染企业进行分组检验。关于重污染行业的界定，根据《上市公司环保核查行业分类管理名录》和《重点排污单位名录管理规定（试行）》，并参照证监会发布的行业分类，最终将重污染行业归纳为煤炭开采和洗选业，石油和天然气开采业，黑色金属矿采选业，有色金属矿采选业，酒、饮料和精制茶制造业，纺织业，造纸和纸制品业，石油加工、炼焦和核燃料加工业等行业。回归结果如表 9 – 7 中列（3）和列（4）所示，列（4）非重污染行业组中投资者绿色关注的系数为 0.061，在 1% 的水平上显著为正，列（3）重污染行业组中 *Gatt* 的系数不显著，Suest 组间系数差异性检验统计量为 4.40，系数在 5% 的水平上显著。以上结果表明，与重污染行业相比，非重污染行业企业投资者绿色关注对企业 ESG 背离的影响更为显著。可能的解释是：环境保护等部门颁布《关于进一步规范重污染行业生产经营公司申请上市或再融资环境保护核查工作的通知》《关于重污染行业生产经营公司 IPO 申请申报文件的通知》等文件，明确要求政府相关部门加强对重污染行业企业的环境监管力度（唐国平等，2013）；而对于非重污染行业企业而言，相关政策法规的监管力度较弱，投资者绿色关注起到了一个补充作用（熊熊等，2023）。

9.5.2.3 产权异质性

本研究按照控股性质将样本分为两组，国有企业组和非国有企业组进行异质性检验。回归结果如表 9 – 7 中列（5）和列（6）所示，列（6）非国有企业组投资者绿色关注 *Gatt* 的系数为 0.050，在 1% 的水平上显著为正，列（5）国有企业组 *Gatt* 的系数不显著，Suest 组间系数差异性检验统计量为 2.80，系数在 10% 的水平上显著。以上结果表明，与国有企业相比，投资者绿色关注对非国有企业 ESG 背离的影响更为突出。这主要是因为：国有企业本身的性质和目标决定了承担环境治理责任是与生俱来的重要职责（Marquis and Qian，2014；Luo et al.，2017），因此国有企业成为中央环保政策的主要承担者，并受到更为严格的监管。而对于非国有企业而言，所面临的环保监管相对较弱，投资者绿色关注对环保监督起到了补充作用（熊熊等，2023）。

9.5.3　ESG 背离的绩效后果检验

利益相关者群体并非一个整体（王鹤丽和童立，2020），企业会根据利益相关者的不同诉求权衡 ESG 目标，但这种权衡会因为优先履行某项责任而对其他 ESG 承诺产生负的外部性。因此，本研究进一步验证企业 ESG 背离对公司绩效的影响。借鉴肖延高等（2021）的研究，使用托宾 Q 值（$Tobinq$）衡量企业的市场绩效，其数值越大，表示企业绩效水平越高。实证结果如表 9－8 中列（1）所示，企业 ESG 背离 Dev 的系数为 -0.030，且在 1% 置信水平上显著，结果表明企业 ESG 背离损害了企业的市场绩效。结果揭示：企业"厚环境责任而薄其他 ESG 责任"这一背离行为，与股东利益最大化观点相左，对治理责任和社会责任的消极承担未必能提升企业价值。

表 9－8　企业 ESG 背离的经济后果

变量	（1） $Tobinq$	（2） ESG
Dev	-0.030^{*} （-1.695）	
$Gatt$		0.011 （0.365）
$Size$	-0.834^{***} （-41.822）	1.085^{***} （12.058）

续表

变量	（1） Tobinq	（2） ESG
Age	0.660 *** （15.755）	-1.538 *** （-7.737）
Lev	0.580 *** （7.464）	-4.375 *** （-12.222）
Roa	1.955 *** （14.174）	5.629 *** （8.672）
Other	-0.019 *** （-3.055）	-0.051 * （-1.766）
GI	0.419 *** （32.391）	0.406 *** （6.434）
Bsize	-0.006 （-0.628）	0.027 （0.572）
Soe	-0.044 （-0.929）	0.076 （0.336）
Indep	0.005 ** （1.986）	0.057 *** （4.880）
Balance	0.038 * （1.675）	-0.590 *** （-5.469）
Pay	0.113 *** （5.187）	0.074 （0.721）
Regul	-0.000 （-0.602）	-0.001 （-0.275）
Gdp	0.193 ** （2.301）	1.492 *** （3.731）
常数项	-26.825 （-1.586）	76.459 （0.956）
Year/Industry	控制	控制
样本数	13762	14361
R^2	0.402	0.082

9.5.4　投资者绿色关注对企业 ESG 表现的影响

以上结果表明企业 EGS 背离损害了企业的市场绩效，那么，投资者绿色关注是否会带来企业 ESG 总体表现的提升？为此，本研究用华证 ESG 综合评分（*ESG*）作为因变量，进一步验证投资者绿色关注与企业 ESG 表现的关系，实证结果如表 9 - 8 列（2）所示。由表中数据可知，投资者绿色关注 *Gatt* 的系数为 0.011，但不显著。以上结果表明虽然投资者绿色关注带来了 ESG 背离，但不必然带动企业 ESG 总体水平的提升，因此还需防范 ESG 背离所带来的负面影响。

9.6　研究结论与政策建议

从中国式现代化的角度，ESG 是落实"双碳"目标、实现共同富裕以及高质量发展战略的一个重要抓手，而企业 ESG 背离这种反常的责任履行行为不利于国家战略理念的贯彻和实现。本研究聚焦企业 ESG 背离行为，以投资者绿色关注为切入点，考察了 2011～2022 年深市上市公司投资者绿色关注对企业 ESG 背离的影响。研究发现，投资者绿色关注能够促进企业 ESG 背离，以上结果在经过工具变量法、PSM 倾向得分匹配法、更换解释变量和被解释变量度量方式、排除地区性和行业性政策影响、改变样本期间等稳健性检验后仍然成立；研究还发现，投资者绿色关注对企业 ESG 背离的促进作用在分析师关注度较高、高管较为短视的企业中更为显著；机制检验发现，投资者绿色关注通过"投资者绿色关注—企业环境治理压力—企业 ESG 背离"和"投资者绿色关注—高管环保注意力—企业 ESG 背离"促进了企业 ESG 背离；异质性检验发现，在投资者保护水平较高、非重污染行业、非国有的企业中，投资者绿色关注对企业 ESG 背离的促进作用更为明显；拓展性研究发现，企业 ESG 背离损害了企业长期绩效，投资者绿色关注并不能促进企业 ESG 表现的提高。

本研究基于投资者关注视角探讨"企业 ESG 背离"的动因问题，不仅有助于为投资者关注和企业 ESG 研究做出理论贡献，还将有助于为政府部门寻求措施减少企业 ESG 背离行为发生的概率提供参考与借鉴。本研究认为：一是我国政府部门应进一步完善 ESG 体系，通过顶层设计构建中央政府、地方政府、社会组织以及企业的多主体协同治理机制，防范企业过度响应环保政策而出现的激励扭曲现象；二是企业要完善与投资者的互动沟通机制，构建企业在 ESG 层面的有效决策机制，根据长期发展战略与短期经营目标平衡 ESG 行为，不仅仅要积极履行环境责任，还需要在完成环保目标的同时，兼顾股东利益、社会利益和员工利益，防范因环境责任而忽视企业战略带来的风险；三是政府相关部门要建立企业 ESG 背离行为的识别和风险预警机制，为国内外投资者掌握企业的 ESG 现状以及监控企业 ESG 风险提供有力的工具，以便于投资者更好地识别投资对象并评估其潜在的投资价值，提高投资决策的水平。

参 考 文 献

[1] 柏群，杨云. 组织冗余资源对绿色创新绩效的影响——基于社会责任的中介作用 [J]. 财经科学，2020 (12)：96-106.

[2] 白云霞，王砚萍. 官员访问与公司雇员 [J]. 科研管理，2019，40 (5)：254-263.

[3] 毕茜，顾立盟，张济建. 传统文化、环境制度与企业环境信息披露 [J]. 会计研究，2015 (3)：12-19，94.

[4] 蔡春，郑开放，王朋. 政府环境审计对企业环境治理的影响研究 [J]. 审计研究，2021 (4)：3-13.

[5] 陈秋平，潘越，肖金利. 晋升激励、地域偏爱与企业环境表现：来自A股上市公司的经验证据 [J]. 中国管理科学，2019，27 (8)：47-56.

[6] 陈仕华，卢昌崇. 企业间高管联结与并购溢价决策：基于组织间模仿理论的实证研究 [J]. 管理世界，2013 (5)：144-156.

[7] 陈仕华，卢昌崇，姜广省，等. 国企高管政治晋升对企业并购行为的影响——基于企业成长压力理论的实证研究 [J]. 管理世界，2015 (9)：125-136.

[8] 陈诗一，张建鹏，刘朝良. 环境规制、融资约束与企业污染减排——来自排污费标准调整的证据 [J]. 金融研究，2021 (9)：51-71.

[9] 陈晓珊，刘洪铎. 机构投资者持股与公司 ESG 表现 [J]. 金融论坛，2023，28 (9)：58-68.

[10] 陈艳艳，罗党论．地方官员更替与企业投资 [J]．经济研究，2016，18（5）：40 - 52．

[11] 陈艳莹，张润宇，李鹏升．环境规制的双赢效应真的存在吗？——来自中国工业污染源重点调查企业的证据 [J]．当代经济科学，2020（6）：96 - 107．

[12] 陈羽桃，冯建．企业绿色投资提升了企业环境绩效吗——基于效率视角的经验证据 [J]．会计研究，2020（1）：179 - 192．

[13] 程仲鸣，夏新平，余明桂．政府干预、金字塔结构与地方国有上市公司投资 [J]．管理世界，2008（9）：37 - 47．

[14] 醋卫华，李培功．媒体追捧与明星 CEO 薪酬 [J]．南开管理评论，2015，18（1）：118 - 129．

[15] 戴亦一，洪群，潘越．官员视察、媒体关注与政府补助——来自中国上市公司的经验证据 [J]．经济管理，2015，37（7）：13 - 25．

[16] 戴亦一，潘越，冯舒．中国企业的慈善捐赠是一种"政治献金"吗？——来自市委书记更替的证据 [J]．经济研究，2014，49（2）：74 - 86．

[17] 戴亦一，肖金利，潘越．"乡音"能否降低公司代理成本？——基于方言视角的研究 [J]．经济研究，2016，51（12）：147 - 160，186．

[18] 董馨格，韩亮亮，董盈厚．商誉减值企业印象管理与研发支出资本化——来自 2007 - 2021 年 A 股上市公司的经验证据 [J/OL]．外国经济与管理，2023．

[19] 杜建军，刘洪儒，吴浩源．环保督察制度对企业环境保护投资的影响 [J]．中国人口·资源与环境，2020，30（11）：151 - 159．

[20] 杜兴强，殷敬伟，张颖，等．国际化董事会与企业环境绩效 [J]．会计研究，2021（10）：84 - 96．

[21] 高杰英，褚冬晓，廉永辉，等．ESG 表现能改善企业投资效率吗？[J]．

证券市场导报，2021（11）：24-34，72.

[22] 高勇强，陈亚静，张云均."红领巾"还是"绿领巾"：民营企业慈善捐赠动机研究 [J]. 管理世界，2012（8）：106-114，146.

[23] 郭峰，石庆玲. 官员更替、合谋震慑与空气质量的临时性改善 [J]. 经济研究，2017，52（7）：155-168.

[24] 郝阳，龚六堂. 国有、民营混合参股与公司绩效改进 [J]. 经济研究，2017（3）：122-135.

[25] 何轩，肖炜诚. 官员视察与民营企业环保投入 [J]. 经济管理，2022（5）：157-175.

[26] 胡珺，宋献中，王红建. 非正式制度、家乡认同与企业环境治理 [J]. 管理世界，2017（3）：76-94.

[27] 胡珺，汤泰劼，宋献中. 企业环境治理的驱动机制研究：环保官员变更的视角 [J]. 南开管理评论，2019，22（2）：89-103.

[28] 胡楠，薛付婧，王昊楠. 管理者短视主义影响企业长期投资吗？——基于文本分析和机器学习 [J]. 管理世界，2021，37（5）：139-156.

[29] 黄群慧. 控制权作为企业家的激励约束因素：理论分析及现实解释意义 [J]. 经济研究，2000（1）：41-47.

[30] 黄世忠. 谱写欧盟 ESG 报告新篇章——从 NFRD 到 CSRD 的评述 [J]. 财会月刊，2021（20）：16-23.

[31] 黄世忠. ESG 视角下价值创造的三大变革 [J]. 财务研究，2021（6）：3-14.

[32] 黄世忠. 支撑 ESG 的三大理论支柱 [J]. 财会月刊，2021（19）：3-10.

[33] 黄世忠. ESG 报告的"漂绿"与反"漂绿" [J]. 财会月刊，2022（1）：3-11.

[34] 贾明. 企业社会责任 [M]. 北京：机械工业出版社，2023.

［35］姜付秀，蔡欣妮，朱冰．多个大股东与股价崩盘风险［J］．会计研究，2018（1）：68－74．

［36］姜付秀，马云飙，王运通．退出威胁能抑制控股股东私利行为吗？［J］．管理世界，2015（5）：147－159．

［37］姜付秀，王运通，田园，等．多个大股东与企业融资约束——基于文本分析的经验证据［J］．管理世界，2017（12）：61－74．

［38］姜珂，游达明．基于央地分权视角的环境规制策略演化博弈分析［J］．中国人口·资源与环境，2016（9）：139－148．

［39］蒋艺翅，姚树洁．ESG信息披露、外部关注与企业风险［J］．系统管理学报，2024，33（1）：214－229．

［40］姜英兵，崔广慧．环保产业政策对企业环保投资的影响：基于重污染上市公司的经验证据［J］．改革，2019（2）：87－101．

［41］江轩宇．政府放权与国有企业创新——基于地方国企金字塔结构视角的研究［J］．管理世界，2016（9）：120－135．

［42］焦捷，苗硕，张紫微，等．政治关联、企业环境治理投资与企业绩效——基于中国民营企业的实证研究［J］．技术经济，2018，37（6）：130－139．

［43］卡恩，郑思齐．中国绿色城市的崛起：经济增长与环境如何共赢［M］．北京：中信出版社，2016．

［44］阚沂伟，徐晟，李铭洋．投资者互动有助于企业履行社会责任吗？——来自交易所网络互动平台的证据［J］．武汉金融，2022（2）：27－38．

［45］雷雷，张大永，姬强．共同机构持股与企业ESG表现［J］．经济研究，2023，58（4）：133－151．

［46］李斌，张晓冬．政企合谋视角下中国环境污染转移的理论与实证研究［J］．中央财经大学学报，2016（5）：72－81．

［47］李江雁，邹立凯．CEO获奖与企业创新：基于信任治理的视角［J］．外

国经济与管理，2022，44（6）：74 - 89.

[48] 李培功，沈艺峰.经理薪酬、轰动报道与媒体的公司治理作用 [J].管理科学学报，2013，16（10）：63 - 80.

[49] 李强，田双双，刘佟.高管政治网络对企业环保投资的影响——考虑政府与市场的作用 [J].山西财经大学学报，2016，38（3）：90 - 99.

[50] 李青原，肖泽华.异质性环境规制工具与企业绿色创新激励——来自上市企业绿色专利的证据 [J].经济研究，2020（93）：192 - 208.

[51] 李晓菲，徐建.董秘兼任对投资者互动信息质量的影响 [J].当代财经，2023（4）：93 - 105.

[52] 李维安.公司治理学 [M].北京：高等教育出版社，2005.

[53] 李维安.移动互联网时代的公司治理变革 [J].南开管理评论，2014，17（4）：1.

[54] 李维安，李鼎，周宁，等.政府环保补助何以诱发空绿企业形成？——基于资源依赖理论视角 [C].第十七届（2022）中国管理学年会，2022 - 08 - 19.

[55] 李维安，李鼎，周宁，等.政府环保补助何以诱发企业绿色治理背离行为？——基于资源依赖理论视角 [J].会计研究，2024（3）：138 - 149.

[56] 李维安，郝臣.绿色治理：企业社会责任新思路 [J].董事会，2017：36 - 37.

[57] 李维安，郝臣，崔光耀，等.公司治理研究 40 年：脉络与展望 [J].外国经济与管理，2019，41（12）：161 - 185.

[58] 李维安，侯文涤，柳志南.国有企业金字塔层级与并购绩效——基于行政经济型治理视角的研究 [J].经济管理，2021（9）：16 - 30.

[59] 李维安，邱艾超.国有企业公司治理的转型路径及量化体系研究 [J].科学学与科学技术管理，2010（9）：168 - 171.

[60] 李维安，王鹏程，徐业坤．慈善捐赠、政治关联与债务融资——民营企业与政府的资源交换行为 [J]．南开管理评论，2015，18（1）：4 - 14.

[61] 李维安，王世权．利益相关者治理理论研究脉络及其进展探析 [J]．外国经济与管理，2007，29（4）：10 - 17.

[62] 李维安，徐建，姜广省．绿色治理准则：实现人与自然的包容性发展 [J]．南开管理评论，2017，20（5）：23 - 28.

[63] 李维安，张耀伟．新时代公司的绿色责任理念与践行路径 [J]．董事会，2018：19 - 21.

[64] 李维安，张耀伟，郑敏娜，等．中国上市公司绿色治理及其评价研究 [J]．管理世界，2019（5）：126 - 133.

[65] 李小荣，徐腾冲．环境 - 社会责任 - 公司治理研究进展 [J]．经济学动态，2022（8）：133 - 146.

[66] 李心合．面向可持续发展的利益相关者管理 [J]．当代财经，2001，194（1）：66 - 70.

[67] 李增福，汤旭东，连玉君．中国民营企业社会责任背离之谜 [J]．管理世界，2016（9）：136 - 148.

[68] 李宗泽，李志斌．企业 ESG 信息披露同群效应研究 [J]．南开管理评论，2023（5）：126 - 136.

[69] 梁平汉，高楠．人事变更、法制环境和地方环境污染 [J]．管理世界，2014（6）：65 - 78.

[70] 林润辉，谢宗晓，李娅，等．政治关联、政府补助与环境信息披露——资源依赖理论视角 [J]．公共管理学报，2015，12（2）：30 - 51.

[71] 刘柏，卢家锐．"顺应潮流"还是"投机取巧"：企业社会责任的传染机制研究 [J]．南开管理评论，2018，21（4）：182 - 194.

[72] 刘慧龙．控制链长度与公司高管薪酬契约 [J]．管理世界，2017（3）：

95 – 112.

[73] 刘江会，顾雪芹，王海之. 媒体评选"明星高管"具有改善公司绩效的作用吗？[J]. 证券市场导报，2019（3）：34 – 42.

[74] 柳学信，李胡扬，孔晓旭. 党组织治理对企业 ESG 表现的影响研究 [J]. 财经论丛，2022（1）：100 – 112.

[75] 刘钻扩，王洪岩. 高管从军经历对企业绿色创新的影响 [J]. 软科学，2021，35（12）：74 – 80.

[76] 龙文滨，胡珺. 节能减排规划、环保考核与边界污染 [J]. 财贸经济，2018（12）：126 – 141.

[77] 龙硕，胡军. 政企合谋视角下的环境污染：理论与实证研究 [J]. 财经研究，2014，40（10）：131 – 144.

[78] 逯东，黄丹，杨丹. 国有企业非实际控制人的董事会权力与并购效率 [J]. 管理世界，2019（6）：119 – 141.

[79] 逯东，林高，黄莉，等."官员型"高管、公司绩效与非生产性支出——基于国有上市公司的经验证据 [J]. 金融研究，2012（6）：139 – 153.

[80] 芦慧，庄颜嫣，韩钰. 内外部价值整合视角下企业环境行为结构构建与现状研究 [J]. 软科学，2020，34（4）：90 – 97.

[81] 罗党论，应千伟. 政企关系、官员视察与企业绩效——来自中国制造业上市企业的经验证据 [J]. 南开管理评论，2012，15（5）：74 – 83.

[82] 吕鹏，黄送钦. 环境规制压力会促进企业转型升级吗 [J]. 南开管理评论，2021，24（4）：116 – 129.

[83] 吕文栋，林琳，赵杨. 名人 CEO 与企业战略风险承担 [J]. 中国软科学，2020（1）：112 – 127.

[84] 罗宏，黄婉. 多个大股东并存对高管机会主义减持的影响研究 [J]. 管理世界，2020（8）：163 – 177.

[85] 罗知，齐博成．环境规制的产业转移升级效应与银行协同发展效应——来自长江流域水污染治理的证据［J］．经济研究，2021（2）：174 - 189.

[86] 马骏，朱斌，何轩．家族企业何以成为更积极的绿色创新推动者？——基于社会情感财富和制度合法性的解释［J］．管理科学学报，2020（9）：31 - 60.

[87] 马连福，王丽丽，张琦．混合所有制的优序选择：市场的逻辑［J］．中国工业经济，2015（7）：5 - 20.

[88] 马亮．官员晋升激励与政府绩效目标设置——中国省级面板数据的实证研究［J］．公共管理学报，2013（2）：28 - 40.

[89] 马文超，唐勇军．省域环境竞争、环境污染水平与企业环保投资［J］．会计研究，2018（8）：72 - 79.

[90] 毛晖，周红星，黄送钦．官员视察的环境治理效应研究：压力与能力的双重机制检验［J］．经济学报，2022，9（4）：367 - 395.

[91] 梅冬州，王子健，雷文妮．党代会召开、监察力度变化与中国经济波动［J］．经济研究，2014，49（3）：47 - 61.

[92] 孟晓华，张曾．利益相关者对企业环境信息披露的驱动机制研究——以 H 石油公司渤海漏油事件为例［J］．公共管理学报，2013，10（3）：90 - 102.

[93] 南开大学绿色治理准则课题组．《绿色治理准则》及其解说［J］．南开管理评论，2017，20（5）：4 - 22.

[94] 聂辉华．政企合谋与经济增长：反思"中国模式"［M］．北京：中国人民大学出版社，2013.

[95] 聂辉华．政企合谋：理解"中国之谜"的新视角［J］．闽江学刊，2016（12）：5 - 15.

[96] 聂辉华，李金波．政企合谋与经济发展［J］．经济学（季刊），2007

（A01）：75 - 90.

［97］ 聂辉华，林佳妮，崔梦莹 . ESG：企业促进共同富裕的可行之道 ［J］.
学习与探索，2022（11）：107 - 116.

［98］ 潘爱玲，王慧，邱金龙 . 儒家文化与重污染企业绿色并购 ［J］. 会计研
究，2021（5）：133 - 147.

［99］ 潘红波，饶晓琼 .《环境保护法》、制度环境与企业环境绩效 ［J］. 山
西财经大学学报，2019，41（3）：71 - 86.

［100］ 潘红波，张哲 . 控股股东干预与国有上市公司薪酬契约有效性：来自
董事长/CEO 纵向兼任的经验证据 ［J］. 会计研究，2019（5）：59 -
66.

［101］ 潘玉坤，郭萌萌 . 空气污染压力下的企业 ESG 表现 ［J］. 数量经济技
术经济研究，2023，40（7）：112 - 132.

［102］ 戚聿东，张倩琳，于潇宇 . 高管海外经历促进技术创新的机理与路径
［J］. 经济学动态，2023（2）：52 - 70.

［103］ 齐绍洲，林屾，崔静波 . 环境权益交易市场能否诱发绿色创新？——
基于我国上市公司绿色专利数据的证据 ［J］. 经济研究，2018（12）：
129 - 143.

［104］ 钱婷，武常岐 . 国有企业集团公司治理与代理成本——来自国有上市
公司的实证研究 ［J］. 经济管理，2016（8）：55 - 67.

［105］ 钱先航，曹廷求，李维安 . 晋升压力、官员任期与城市商业银行的贷
款行为 ［J］. 经济研究，2011，46（12）：72 - 85.

［106］ 冉冉 .“压力型体制”下的政治激励与地方环境治理 ［J］. 经济社会
体制比较，2013（3）：111 - 118.

［107］ 任丙强 . 地方政府环境政策执行的激励机制研究：基于中央与地方关
系的视角 ［J］. 中国行政管理，2018（6）：129 - 135.

［108］ 任广乾，周雪娅，李昕怡，等 . 产权性质、公司治理与企业环境行为

[J]．北京理工大学学报（社会科学版），2021，23（2）：44－55.

[109] 荣敬本．从压力型体制向民主合作体制的转变［M］．北京：中央编译出版社，1998.

[110] 邵剑兵，吴珊．劳动模范、内部薪酬差距与企业业绩［J］．外国经济与管理，2019，41（8）：100－112.

[111] 沈洪涛，周艳坤．环境执法监督与企业环境绩效：来自环保约谈的准自然实验证据［J］．南开管理评论，2017，20（6）：73－82.

[112] 沈洪涛，马正彪．地区经济发展压力、企业环境表现与债务融资［J］．金融研究，2014（2）：153－166.

[113] 沈坤荣，付文林．税收竞争、地区博弈及其经济绩效［J］．经济研究，2006（6）：16－26.

[114] 沈宇峰，徐晓东．制度环境、政治关联与企业环保投资——来自 A 股上市公司的经验证据［J］．系统管理学报，2019，28（3）：415－428.

[115] 石庆玲，郭峰，陈诗一．雾霾治理中的"政治性蓝天"——来自中国地方"两会"的证据［J］．中国工业经济，2016（5）：40－56.

[116] 斯丽娟，曹昊煜．绿色信贷政策能够改善企业环境社会责任吗——基于外部约束和内部关注的视角［J］．中国工业经济，2022（4）：137－155.

[117] 宋德勇，朱文博，王班班，等．企业集团内部是否存在"污染避难所"［J］．中国工业经济，2021（10）：156－174.

[118] 苏畅，陈承．新发展理念下上市公司 ESG 评价体系研究——以重污染制造业上市公司为例［J］．财会月刊，2022（6）：155－160.

[119] 苏坤．国有金字塔层级对公司风险承担的影响——基于政府控制级别差异的分析［J］．中国工业经济，2016（6）：127－143.

[120] 孙伟增，罗党论，郑思齐，等．环保考核、地方官员晋升与环境治理——基于 2004—2009 年中国 86 个重点城市的经验证据［J］．清华

大学学报（哲学社会科学版），2014，29（4）：49-62.

[121] 唐国平，李龙会，吴德军. 环境管制、行业属性与企业环保投资 [J]. 会计研究，2013（6）：83-89.

[122] 田利辉，关欣，李政，等. 环境保护税费改革与企业环保投资——基于《环境保护税法》实施的准自然实验 [J]. 财经研究，2022（9）：32-46.

[123] 陶锋，赵锦瑜，周浩. 环境规制实现了绿色技术创新的"增量提质"吗——来自环保目标责任制的证据 [J]. 中国工业经济，2021（2）：136-154.

[124] 陶克涛，郭欣宇，孙娜. 绿色治理视域下的企业环境信息披露与企业绩效关系研究——基于中国67家重污染上市公司的证据 [J]. 中国软科学，2020（2）：108-119.

[125] 王锋正，陈方圆. 董事会治理、环境规制与绿色技术创新——基于我国重污染行业上市公司的实证检验 [J]. 科学学研究，2018，36（2）：361-369.

[126] 王鹤丽，童立. 企业社会责任：研究综述以及对未来研究的启示 [J]. 管理学季刊，2020（3）：1-15.

[127] 王红建，汤泰劼，宋献中. 谁驱动了企业环境治理：官员任期考核还是五年规划目标考核 [J]. 财贸经济，2017，38（11）：147-161.

[128] 王鸿儒，陈思丞，孟天广. 高管公职经历、中央环保督察与企业环境绩效——基于南方A省2011-2018年企业层级数据的实证分析 [J]. 公共管理学报，2021，18（1）：114-125.

[129] 王辉，林伟芬，谢锐. 高管环保背景与绿色投资者进入 [J]. 数量经济技术经济研究，2022，39（12）：173-194.

[130] 王琳璘，廉永辉，董捷. ESG表现对企业价值的影响机制研究 [J]. 证券市场导报，2022（5）：23-34.

[131] 王美英，陈宋生，曾昌礼，等．混合所有制背景下多个大股东与风险承担研究［J］．会计研究，2020（2）：117－132.

[132] 王舒扬，吴蕊，高旭东，等．民营企业党组织治理参与对企业绿色行为的影响［J］．经济管理，2019（8）：40－57.

[133] 王贤彬，张莉，徐现祥．辖区经济增长绩效与省长省委书记晋升［J］．经济社会体制比较，2011（1）：110－122.

[134] 王晓祺，郝双光，张俊民．新《环保法》与企业绿色创新："倒逼"抑或"挤出"［J］．中国人口·资源与环境，2020，30（7）：107－117.

[135] 王馨，王营．绿色信贷政策增进绿色创新研究［J］．管理世界，2021，37（6）：173－188，11.

[136] 王亚华，唐啸．中国环境治理的经验：集体行动理论视角的审视［J］．复旦公共行政评论，2019（2）：187－202.

[137] 王治，彭百川，郭晶晶，等．低碳转型能否提升企业环境－社会－治理表现？——基于"低碳城市试点"的准自然实验［J］．财经理论与实践，2023，44（1）：139－145.

[138] 王印红，李萌竹．地方政府生态环境治理注意力研究——基于30个省市政府工作报告（2006－2015）文本分析［J］．中国人口·资源与环境，2017（2）：28－35.

[139] 王永贵，李霞．促进还是抑制：政府研发补助对企业绿色创新绩效的影响［J］．中国工业经济，2023（2）：131－149.

[140] 王云，李延喜，马壮，等．媒体关注、环境规制与企业环保投资［J］．南开管理评论，2017（6）：83－94.

[141] 王禹，陆嘉玮，赵洵．债券市场参与者认可董事高管责任保险吗——基于公司债券发行定价的经验证据［J］．会计研究，2023（1）：135－148.

[142] 魏明海，蔡贵龙，柳建华.中国国有上市公司分类治理研究 [J].中山大学学报（社会科学版），2017 (4)：175 - 192.

[143] 魏明海，黄琼宇，程敏英.家族企业关联大股东的治理角色——基于关联交易的视角 [J].管理世界，2013 (3)：133 - 147.

[144] 武晨，王可第.基金信息披露数字化与被持股公司绿色创新 [J].科技进步与对策，2023，40 (10)：13 - 24.

[145] 武剑锋，叶陈刚，刘猛.环境绩效、政治关联与环境信息披露——来自沪市 A 股重污染行业的经验证据 [J].山西财经大学学报，2015，37 (7)：99 - 110.

[146] 吴建祖，华欣意.高管团队注意力与企业绿色创新战略——来自中国制造业上市公司的经验证据 [J].科学学与科学技术管理，2021，42 (9)：122 - 142.

[147] 武立东，薛坤坤，王凯.制度逻辑、金字塔层级与国有企业决策偏好 [J].经济与管理研究，2017，38 (2)：34 - 43.

[148] 席龙胜，赵辉.高管双元环保认知、绿色创新与企业可持续发展绩效 [J].经济管理，2022，44 (3)：139 - 158.

[149] 席龙胜，赵辉.企业 ESG 表现影响盈余持续性的作用机理和数据检验 [J].管理评论，2022，34 (9)：313 - 326.

[150] 肖延高，冉华庆，童文锋，等.防卫还是囤积？商标组合对企业绩效的影响及启示 [J].管理世界，2021，37 (10)：214 - 226.

[151] 谢东明.地方监管、垂直监管与企业环保投资——基于上市 A 股重污染企业的实证研究 [J].会计研究，2020 (11)：170 - 186.

[152] 解学梅，朱琪玮.企业绿色创新实践如何破解"和谐共生"难题？ [J].管理世界，2021 (1)：128 - 149，9.

[153] 谢贞发，陈芳敏，陈卓恒.非意图的结果：环保税率省际差异与污染企业迁移策略 [J].财贸经济，2023 (3)：24 - 39.

[154] 谢贞发，王轩．环境目标压力下地方政府经济目标的策略调整——基于环境目标责任制的研究 [J]．财政研究，2022（4）：69－86.

[155] 熊熊，邱佳慧，高雅．绿色关注对上市公司绿色创新行为的影响——来自投资者互动平台的证据 [J]．系统工程理论与实践，2023，43（7）：1873－1893.

[156] 许晨曦，金宇超．放权改革、金字塔结构与地方国有企业安全生产 [J]．世界经济，2021（7）：156－180.

[157] 徐建，韩慧敏．明星高管对企业绿色创新的影响 [J]．工业技术经济，2024（2）：88－97.

[158] 徐建，李鼎，李维安．官员访问与企业 ESG 背离 [J]．管理科学，2023，36（5）：3－17.

[159] 徐建，李晓菲，段梦茹．投资者绿色关注对企业 ESG 背离的影响效应检验 [J]．统计与决策，2024（13）：171－176.

[160] 杨俊，邵汉华，胡军．中国环境效率评价及其影响因素实证研究 [J]．中国人口·资源与环境，2010，20（2）：49－55.

[161] 杨柳，甘佺鑫，马德水．公众环境关注度与企业环保投资——基于绿色形象的调节作用视角 [J]．财会月刊，2020（8）：33－40.

[162] 杨瑞龙．国有企业分类改革的战略选择 [J]．中国工业经济，1999（8）：5－12.

[163] 杨瑞龙，王元，聂辉华．"准官员"的晋升机制：来自中国央企的证据 [J]．管理世界，2013（3）：23－33.

[164] 杨雪锋，石洁星，王成．政治周期、选择性环境管制与环境绩效 [J]．财经论丛，2015（12）：100－108.

[165] 杨友才，牛晓童．新《环保法》对我国重污染行业上市公司效率的影响——基于"波特假说"的研究视角 [J]．管理评论，2021，33（10）：55－69.

[166] 姚琼，胡慧颖，丰轶衡．企业漂绿行为的研究综述与展望 [J]．生态经济，2022（3）：86 - 92.

[167] 姚圣，梁昊天．政治关联、地方利益与企业环境业绩——基于产权性质分类的研究 [J]．财贸研究，2015，26（4）：141 - 149.

[168] 姚圣，周敏．政策变动背景下企业环境信息披露的权衡：政府补助与违规风险规避 [J]．财贸研究，2017，28（7）：99 - 110.

[169] 尹礼汇，吴传清．环境规制与长江经济带污染密集型产业生态效率 [J]．中国软科学，2021（8）：181 - 192.

[170] 伊力奇，李涛，丹二丽，等．企业社会责任与环境绩效："真心"还是"掩饰"[J]．管理工程学报，2023（2）：1 - 10.

[171] 游家兴，林慧，柳颖．旧貌换新颜：金融科技与银行业绩——基于8227 家银行支行的实证研究 [J]．经济学（季刊），2023，23（1）：177 - 193.

[172] 余靖雯，肖洁，龚六堂．政治周期与地方政府土地出让行为 [J]．经济研究，2015（2）：88 - 102.

[173] 于李胜，蓝一阳，王艳艳．盛名难副：明星 CEO 与负面信息隐藏 [J]．管理科学学报，2021，24（5）：70 - 86.

[174] 于连超，张卫国，毕茜．环境税会倒逼企业绿色创新吗？[J]．审计与经济研究，2019，34（2）：79 - 90.

[175] 曾爱民，吴伟，吴育辉．中小股东积极主义对债券持有人财富的溢出影响——基于网络投票数据的实证研究 [J]．金融研究，2021（12）：189 - 206.

[176] 翟胜宝，程妍婷，许浩然，等．媒体关注与企业 ESG 信息披露质量 [J]．会计研究，2022（8）：59 - 71.

[177] 张成，陆旸，郭路，等．环境规制强度和生产技术进步 [J]．经济研究，2011（2）：113 - 124.

[178] 张蕙，蔡纪雯. ESG 体系在中国发展情境下的嵌入机制与建设路径 [J]. 东南学术，2023 (1)：182 – 194.

[179] 张金艳，杨蕙馨，邱晨，等. 高管建议寻求、决策偏好与商业模式创新 [J]. 管理评论，2019，31 (7)：239 – 251.

[180] 张俊，钟春平. 政企合谋与环境污染——来自中国省级面板数据的经验证据 [J]. 华中科技大学学报（社会科学版），2014，28 (4)：89 – 97.

[181] 张克中，王娟，崔小勇. 财政分权与环境污染：碳排放的视角 [J]. 中国工业经济，2011 (10)：65 – 75.

[182] 张霖琳，刘峰，蔡贵龙. 监管独立性、市场化进程与国企高管晋升机制的执行效果——基于 2003 ~ 2012 年国企高管职位变更的数据 [J]. 管理世界，2015 (10)：117 – 131.

[183] 张琦，郑瑶，孔东民. 地区环境治理压力、高管经历与企业环保投资——一项基于《环境空气质量标准（2012）》的准自然实验 [J]. 经济研究，2019 (6)：183 – 198.

[184] 张娆，郭晓旭. 碳排放权交易制度与企业绿色治理 [J]. 管理科学，2022，35 (6)：22 – 39.

[185] 张彦博，寇坡，张丹宁，等. 企业污染减排过程中的政企合谋问题研究 [J]. 运筹与管理，2018，27 (11)：184 – 192.

[186] 张增田，姚振玖，卢琦，等. 高管海外经历能促进企业绿色创新吗？ [J]. 外国经济与管理，2023，45 (8)：68 – 82.

[187] 赵晶，孟维烜. 官员视察对企业创新的影响——基于组织合法性的实证分析 [J]. 中国工业经济，2016 (9)：109 – 126.

[188] 赵天航，原珂. 刚性约束失灵与变异：公共政策"层层加码"现象再解释——以 H 省"控煤"政策为例 [J]. 党政研究，2020 (3)：111 – 119.

[189] 郑建明，许晨曦．"新环保法"提高了企业环境信息披露质量吗？——一项准自然实验 [J]．证券市场导报，2018 (8)：4 – 11.

[190] 郑石明．政治周期、五年规划与环境污染——以工业二氧化硫排放为例 [J]．政治学研究，2016 (2)：80 – 94.

[191] 郑志刚．分权控制与国企混改的理论基础 [J]．证券市场导报，2019 (1)：4 – 10，18.

[192] 郑志刚，李东旭，许荣，等．国企高管的政治晋升与形象工程——基于 N 省 A 公司的案例研究 [J]．管理世界，2012 (10)：146 – 156.

[193] 周黎安．中国地方官员的晋升锦标赛模式研究 [J]．经济研究，2007 (7)：36 – 50.

[194] 周黎安．转型中的地方政府：官员激励与治理 [M]．上海：上海人民出版社，2008.

[195] 周黎安．行政发包制 [J]．社会，2014 (6)：1 – 38.

[196] 周黎安，李宏彬，陈烨．相对绩效考核：中国地方官员晋升机制的一项经验研究 [J]．经济学报，2005 (1)：83 – 96.

[197] 周黎安，刘冲，厉行，等．"层层加码"与官员激励 [J]．世界经济文汇，2015 (1)：1 – 15.

[198] 周雪光，练宏．政府内部上下级部门间谈判的一个分析模型——以环境政策实施为例 [J]．中国社会科学，2011 (5)：80 – 96.

[199] 朱冰，张晓亮，郑晓佳．多个大股东与企业创新 [J]．管理世界，2018 (7)：151 – 165.

[200] 祝树金，李江，张谦，等．环境信息公开、成本冲击与企业产品质量调整 [J]．中国工业经济，2022 (3)：76 – 94.

[201] 邹洁，武常岐．制度理论视角下企业社会责任的选择性参与 [J]．经济与管理研究，2015 (9)：110 – 120.

[202] Abdurakhmonov M, Ridge J W, Hill A D. Unpacking firm external de-

pendence: how government contract dependence affects firm investments and market performance [J]. Academy of Management Journal, 2021, 64 (1): 327 –350.

[203] Amel-Zadeh A, Serafeim G. Why and how investors use ESG information: Evidence from a global survey [J]. Financial Analysts Journal, 2018, 74 (3): 17.

[204] Ang J S, Hsu C, Tang D, et al. Therole of social media in corporate governance [J]. Accounting Review, 2021, 96 (2): 1 –32.

[205] Atif M, Ali S. Environmental, social and governance disclosure and default risk [J]. Business Strategy and the Environment, 2021, 30: 3937 – 3959.

[206] Attig N, Guedhami O, Mishra D. Multiple large shareholders, control contests, and implied cost of equity [J]. Journal of Corporate Finance, 2008, 14 (5): 721 –737.

[207] Aureli S, Del B M, Lombardi R, et al. Nonfinancial reporting regulation and challenges in sustainability disclosure and corporate governance practices [J]. Business Strategy and the Environment, 2020, 29 (6): 2392 – 2403.

[208] Bai C, Lu J, Tao Z. The multitask theory of state enterprise reform: empirical evidence from China [J]. American Economic Review, 2006, 96 (2): 353 –357.

[209] Battisti E, Nirino N, Lenoidou E, et al. Corporate venture capital and CSR performance: An extended resource based view's perspective [J]. Journal of Business Research, 2022, 139: 1058 –1066.

[210] Ben-Nasr H, Boubaker S, Rouatbi W. Ownership structure, control contestability, and corporate debt maturity [J]. Journal of Corporate Finance,

2015, 35 (12): 265 – 285.

[211] Bennedsen M, Wolfenzon D. The balance of power in closely held corporations [J]. Social Science Electronic Publishing, 2000, 58 (1 – 2): 113 – 139.

[212] Berrone P, Fosfuri A, Gelabert L. Does greenwashing pay off? Understanding the relationship between environmental actions and environmental legitimacy [J]. Journal of Business Ethics, 2017, 144 (2): 363 – 379.

[213] Bertrand M, Mehta P, Mullainathan S. Ferreting out tunneling: An application to Indian business groups [J]. The Quarterly Journal of Economics, 2002, 117 (1): 121 – 148.

[214] Bharath S T, Jayaraman S, Nagar V. Exit as governance: An empirical analysis [J]. Social Science Electronic Publishing, 2013, 68 (6): 2515 – 2547.

[215] Bhaskaran R K, Ting I W K, Sukumaran S K, et al. Environmental, social and governance initiatives and wealth creation for firms: an empirical examination [J]. Management and Decision Economics, 2020, 41: 710 – 729.

[216] Broadstock D C, Magagi S, Matousek R, et al. Does doing "good" always translate into doing "well"? An eco-efficiency perspective [J]. Business Strategy and the Environment, 2019, 28: 1199 – 1217.

[217] Broadstock D C, Matousek R, Meyer M, et al. Does corporate social responsibility impact firms' innovation capacity? The indirect link between environmental & social governance implementation and innovation performance [J]. Journal of Business Research, 2020, 119: 99 – 110.

[218] Buallay A, Hamdan R, Barone E, et al. Increasing female participation on boards: Effects on sustainability reporting [J]. International Journal of Fi-

nance & Economics, 2022, 27: 111 – 124.

[219] Buchanan B G, Cao C X, Wang S. Corporate social responsibility and inside debt: the long game [J]. International Journal of Finance & Economics, 2021, 78: 101903.

[220] Busch T, Hoffmann V H. Ecology-driven real options: An investment framework for incorporating uncertainties in the context of the natural environment [J]. Journal of Business Ethics, 2009, 90 (2): 295 – 310.

[221] Cao J, Faff R, He J, et al. Who's greenwashing via the media and what are the consequences? Evidence from China [J]. Abacus, 2022, 58 (4): 759 – 786.

[222] Cao S, Yao H, Zhang M. CSR gap and firm performance: An organizational justice perspective [J]. Journal of Business Research, 2023, 158: 113692.

[223] Carroll A B. A three-dimensional conceptual model of corporate performance [J]. Academy of Management Review, 1879, 4 (4): 497 – 505.

[224] Chen V Z, Duran P, Sauerwald S, et al. Multistakeholder agency: Stakeholder benefit alignment and national institutional contexts [J]. Journal of Management, 2023, 49 (2): 839 – 865.

[225] Chen Y, Jin G Z, Kumar N, et al. The promise of Beijing: Evaluating the impact of the 2008 Olympic Games on air quality [J]. Journal of Environmental Economics and Management, 2013, 66 (3): 424 – 443.

[226] Chen D, Kim J, Li O Z, et al. China's closed pyramidal managerial labor market and the stock price crash risk [J]. The Accounting Review, 2018, 93 (3): 105 – 131.

[227] Chen J, Xia C, Qing S, et al. Haste doesn't bring success: Top-down amplification of economic growth targets and enterprise overcapacity [J].

Journal of Corporate Finance, 2021, 70: 102059.

[228] Chen M T, Yang D P, Zhang W Q, et al. How does ESG disclosure improve stock liquidity for enterprises-Empirical evidence from China [J]. Environmental Impact Assessment Review, 2023, 98: 106926.

[229] Cheng B, Ioannou I, Serafeim G. Corporate social responsibility and access to finance [J]. Strategic Management Journal, 2014, 35 (1): 1 - 23.

[230] Cheng M, Lin B, Wei M. How does the relationship between multiple large shareholders affect corporate valuations? Evidence from China [J]. Journal of Economics & Business, 2013, 70 (12): 43 - 70.

[231] Cheng Z, Feng W, Christing K, et al. Will corporate political connection influence the environmental information disclosure level? Based on the panel data of a-shares from listed companies in shanghai stock market [J]. Journal of Business Ethics, 2017, 143 (1): 209 - 221.

[232] Clarkson M. A risk-based model of stakeholder theory [M]. Proceedings of the Toronto Conference on Stakeholder Theory. Toronto: Centre for Corporate Social Performance & Ethics, University of Toronto, Toronto, Canada, 1994.

[233] Clarkson P M, Li Y, Richardson G D, et al. Revising the relation between environmental performance and environmental disclosure: An empirical analysis [J]. Accounting, Organization, and Society, 2008, 33 (4 - 5): 303 - 327.

[234] Cordazzo M, Bini L, Marzo G. Does the EU directive on non-financial information influence the value relevance of ESG disclosure? Italian evidence [J]. Business Strategy and the Environment, 2020, 29: 3470 - 3483.

[235] Crifo P, Diaye M A, Oueghlissi R. The effect of countries' ESG ratings on their sovereign borrowing costs [J]. Quarterly Review of Economics and Fi-

nance, 2017, 66: 13 – 20.

[236] Dasgupta R. Financial performance shortfall, ESG controversies, and ESG performance: Evidence from firms around the world [J]. Finance Research Letters, 2022, 46: 102487.

[237] Dasgupta R, Roy A. Firm environmental, social, governance and financial performance relationship contradictions: insights from institutional environment mediation [J]. Technological Forecasting and Social Change, 2023, 189: 122341.

[238] De Masi S, Slomka-Golebiowska A, Becagli C, et al. Toward sustainable corporate behavior: the effect of the critical mass of female directors on environmental, social, and governance disclosure [J]. Business Strategy and the Environment, 2021, 30: 1865 – 1878.

[239] Delmas M A, Burbano V C. The drivers of greenwashing [J]. California Management Review, 2011, 54 (1): 64 – 87.

[240] Delmas M, Toffel M W. Stakeholders and environmental management practices: An institutional framework [J]. Business Strategy and the Environment, 2004, 13 (4): 209 – 222.

[241] DiengB, Yvon P. On green governance [J]. International Journal of Sustainable Development, 2017, 20 (1 – 2): 111.

[242] Du S, Bhattacharya C B, Sen S. Maximizing business returns to corporate social responsibility (csr): The role of csr communication [J]. International Journal of Management Reviews, 2010, 12 (1): 8 – 19.

[243] Du X, Zhang Y, Lai S, et al. How do auditors value hypocrisy? Evidence from China [EB/OL]. International Journal of Business Ethics, 2023.

[244] Earnhart D, Lizal L. Effects of ownership and financial performance on corporate environmental performance [J]. Journal of Comparative Economics,

2006, 34 (1): 111 – 129.

[245] Eccles N S, Viviers S. The origins and meanings of names describing investment practices that integrate a consideration of ESG issues in the academic literature [J]. Journal of Business Ethics, 2011, 104 (3): 389 – 402.

[246] Edin M. State capacity and local agent control in China: CCP cadre management from a township perspective [J]. China Quarterly, 2003, 173 (1): 35 – 52.

[247] Edmans A, Fang V W, Zur E. The effect of liquidity on governance [J]. Review of Financial Studies, 2013, 26 (6): 1443 – 1482.

[248] Elikington J. Partnerships from cannibals with forks: The triple bottom line of 21st century business [J]. Environmental Quality Management, 1998, 8 (1): 37 – 51.

[249] Escrig-Olmedo E, Munoz-Torres M J, Fernandez-Izquierdo M Á. Sustainable development and the financial system: Society's perceptions about socially responsible investing: socially responsible investing [J]. Business Strategy and the Environment, 2013, 22: 410 – 428.

[250] Faccio M, Lang L H P, Young L. Dividends and expropriation [J]. American Economic Review, 2001, 91 (1): 54 – 78.

[251] Faccio M, Masulis R W, Mcconnell J. Politically connections and corporate bailouts [J]. Journal of Finance, 2006, 61 (6): 2597 – 2635.

[252] Fama E F, Jensen M C. Agency problems and residual claims [J]. Journal of Law & Economics, 1983, 26 (2): 327 – 349.

[253] Fan J P, Wong T, Zhang T. Institutions and organizational structure: The case of state-owned corporate Ppyramids [J]. The Journal of Law, Economics, and Organization, 2013, 29 (6): 1217 – 1252.

[254] Fang H, Ren H, Song D, et al. Environmentally-inclined politicians and local environmental performance: Evidence from publicly listed firms in China [D]. NBER Working Paper Series, 2023.

[255] Feng J W, John W. Goode, et al. ESG rating and stock price crash risk: Evidence from China [J]. Finance Research Letters, 2022, 46: 102476.

[256] Feng W, Zhou L. Multiple large shareholders and corporate environmental protection investment: Evidence from the Chinese listed companies [J]. China Journal of Accounting Research, 2020, 13 (4): 387 – 444.

[257] Flammer C, Hong B, Minor D. Corporate governance and the rise of integrating corporate social responsibility criteria in executive compensation: effectiveness and implications for firm outcomes [J]. Strategic Management Journal, 2019, 40 (7): 1097 – 1122.

[258] Francoeur C, Melis A, Gaia S, et al. Green or greed? An alternative look at CEO compensation and corporate environmental commitment [J]. Journal of Business Ethics, 2017, 140 (3): 439 – 453.

[259] Freeman R E. Strategic management: A stakeholder approach [M]. Boston: Pitman/Ballinger, 1984.

[260] Friedman M. The social responsibility of business is to increase its profits [M]. New York Times Magazine, 1970.

[261] Fuada L L, Mukhtaruddin M, Isni A, et al. The ownership structure, and the environmental, social, and governance (ESG) disclosure, firm value and firm performance: The audit committee as moderating variable [J]. Economies, 2022, 10 (12): 314.

[262] Gao Y Q, Wang Y L, Zhang M H. Who really cares about the environment? CEOs' military service experience and firms' investment in environmental protection [J]. Business Ethics, The Environment & Responsibili-

ty, 2021, 30 (1): 4 – 18.

[263] Garcia A S, Mendes-da-Silva W, Orsato R J. Sensitive industries produce a better ESG performance: evidences from emerging markets [J]. Journal of Cleaner Production, 2017, 150 (1): 135 – 147.

[264] Gjergji R, Vena L, Sciascia S, et al. The effects of environmental, social and governance disclosure on the cost of capital in small and medium enterprises: The role of family business status [J]. Business Strategy and the Environment, 2021, 30: 683 – 693.

[265] Gomes A, Novaes W. Sharing of control as a corporate governance mechanism [R]. Penn Caress Working Paper, 2001.

[266] Gray W B, Deily M E. Compliance and enforcement: Air pollution regulation in the U. S. steel industry [J]. Journal of Environmental Economics and Management, 1996, 31 (1): 96 – 111.

[267] Gray W B, Shadbegian R J. Optimal pollution abatement-whose benefits matter, and how much [J]. Journal of Environmental Economics & Management, 2004, 47 (3): 510 – 534.

[268] Jia M, Xiang Y, Zhang Z. Indirect reciprocity and corporate philanthropic giving: How visiting officials influence investment in privately owned Chinese firms [J]. Journal of Management Studies, 2019, 56 (2): 372 – 407.

[269] Hall B H, Jaffe A B, Trajtenberg M. Market value and patent citations [J]. Rand Journal of Economics, 2005, 36 (1): 16 – 38.

[270] Haque F. The effects of board characteristics and sustainable compensation policy on carbon performance of UK firms [J]. The British Accounting Review, 2017, 49 (3): 347 – 364.

[271] Hayward M L A, Pollock R T G. Believing one's own press: the causes and

consequences of CEO celebrity [J]. Strategic Management Journal, 2004, 25 (7): 637 –653.

[272] He F, Guo X, Yue P. Media coverage and corporate ESG performance: Evidence from China [J]. International Review of Financial Analysis, 2023, 91: 103003.

[273] Heckman J J. Sample selection bias as a specification error [J]. Econometrica, 1979, 47 (1): 153 –161.

[274] Hemingway C A, Maclagan P W. Manager's personal values as drivers of corporate social responsibility [J]. Journal of Business Ethics, 2004, 50 (1): 33 –44.

[275] Heutel G. Crowding out and crowding in of private donations and government grants [J]. Public Finance Review, 2014, 42 (2): 143 –175.

[276] Homroy S, Slechten A. Do board expertise and networked boards affect environmental performance? [J]. Journal of Business Ethics, 2019, 158 (1): 269 –292.

[277] Houqe M N, Ahmed K, Richardson G. The effect of environmental, social, and governance performance factors on firms' cost of debt: International evidence [J]. The International Journal of Accounting, 2020, 55: 2050014.

[278] Hsiao H, Zhong T Y, Wang J. Does national culture influence corporate social responsibility on firm performance? [J]. Humanities and Social Sciences Communications, 2024, 11 (1): 1 –9.

[279] Husted B W, Sousa-Filho J M DE. Board structure and environmental, social, and governance disclosure in Latin America [J]. Journal of Business Research, 2019, 102: 220 –227.

[280] Ilinitch A Y, Soderstrom N S, Thomas T. E. Measuring corporate environ-

mental performance [J]. Journal of Accounting and Public Policy, 1998 (17): 383 –408.

[281] Immel M, Hachenberg B, Kiesel F, et al. Green bonds: Shades of green and brown [J]. Journal of Asset Management, 2021, 22: 96 –109.

[282] Jiang G H, Lee C M C, Yue H. Tunneling through intercorporate loans: The Chinese experience [J]. Journal of Financial Economics, 2010, 98 (1): 1 –20.

[283] Jiang Y, Wang C, Li S, et al. Do institutional investors' corporate site visits improve ESG performance? Evidence from China [J]. Pacific-Basin Finance Journal, 2022, 76: 101884.

[284] Jiang Y, Kang Y, Liang H. The externalities of mandatory ESG disclosure [D]. Finance Working Paper, 2023.

[285] Jory S, Ngo T, Susnjara J. The effect of shareholder activism on bondholders and stockholders [J]. The Quarterly Review of Economics and Finance, 2017, 66 (C): 328 –344.

[286] Joyce C W, Yi J, Zhang X, et al. Pyramidal ownership and SOE innovation [J]. Journal of Management Studies, 2022, 59 (7): 1839 –1868.

[287] Kacperczyk H M. The price of sin: The effects of social norms on markets [J]. Journal of Financial Economics, 2009, 93 (1): 15 –36.

[288] Kim E H, Lyon T P. Greenwash vs. brownwash: Exaggeration and undue modesty in corporate sustainability disclosure [J]. Organization Science, 2015, 26 (3): 705 –723.

[289] Kim J B, Shroff P, Vyas D, et al. Credit default swaps and managers' voluntary disclosure [J]. Journal of Accounting Research, 2018, 56 (3): 953 –988.

[290] Kim K, Kim T. CEO career concerns and ESG investments [J]. Finance

Research Letters, 2023, 55: 103819.

[291] Kim Y, Zapata R M L. Stakeholder responses toward fast food chains' CSR: Public health-related vs generic social issue-related CSR initiatives [J]. Corporate Communications: An International Journal, 2018, 23 (1): 117 – 138.

[292] Klassen R D, Whybark D. C. The Impact of environmental technologies on manufacturing performance [J]. Academy of Management Journal, 1999, 42 (6): 599 – 615.

[293] Kleer R. Government R&D subsidies as a signal for private investors [J]. Research Policy, 2010, 39 (10): 1361 – 1374.

[294] Kosnik R D. Effects of board demography and directors' incentives on corporate greenmail decisions [J]. Academy of Management Journal, 1990, 33 (1): 129 – 150.

[295] Kubick T R, Lockhart G B. Overconfidence, CEO awards, and corporate tax aggressiveness [J]. Journal of Business Finance & Accounting, 2017, 44 (5 – 6): 728 – 754.

[296] Lam P T I, Law A O K. Crowdfunding for renewable and sustainable energy projects: An exploratory case study approach [J]. Renewable and Sustainable Energy Reviews, 2016, 60 (C): 11 – 20.

[297] Laverty K J. Economic "short-termism": The debate, the unresolved issues, and the implications for management practice and research [J]. Academy of Management Review, 1996, 21 (3): 825 – 860.

[298] Lee G, Cho S Y, Arthurs J, et al. Celebrity CEO, identity threat, and impression management: Impact of celebrity status on corporate social responsibility [J]. Journal of Business Research, 2020, 111 (C): 69 – 84.

[299] Leins S. "Responsible investment": ESG and the post-crisis ethical order [J]. Economy and Society, 2020 (1): 71 –91.

[300] Lewis B W, Walls J L, Dowell G W S. Difference indegrees: CEO characteristics and firm environmental disclosure [J]. Strategic Management Journal, 2014, 35 (5): 712 –722.

[301] Li C, Wu M, Huang W N. Environmental, social, and governance performance and enterprise dynamic financial behavior: Evidence from panel vector autoregression [J]. Emerging Markets Finance and Trade, 2022: 1 –15.

[302] Li J, Li S. Environmental protection tax, corporate ESG performance, and green technological innovation [OB/EL]. Frontiers in Environmental Science, 2022.

[303] Li J, Shi W, Connelly B L, et al. CEO awards and financial misconduct [J]. Journal of Management, 2022, 48 (2): 380 –409.

[304] Li J, Wu D. Do corporate social responsibility engagements lead to real environmental, social, and governance impact [J]. Management Science, 2020, 66 (6): 2564 –2588.

[305] Li H, Meng L, Zhang J. Why do entrepreneursenter politics? evidence from China [J]. Economic Inquiry, 2006, 44 (3): 559 –578.

[306] Li H, Zhou L A. Political turnover and economic performance: The incentive role of personnel control in China [J]. Journal of Public Economics, 2005, 89 (9 –10): 1743 –1762.

[307] Li M, Huang M, Wang D, et al. Star CEOs and ESG performance in China: An integrated view of role identity and role constraints logics [J]. Business Ethics, the Environment & Responsibility, 2023, 32 (4): 1411 –1428.

[308] Li S, Lu J W. A dual-agency model of firm csr in response to institutional pressure: Evidence from Chinese publicly listed firms [J]. Academy of Management Journal, 2020, 63 (6): 2004 – 2032.

[309] Li W, Tsang E W, Luo D, et al. It's not just a visit: Receiving government officials' visits and firm performance in China [J]. Management and Organization Review, 2016, 12 (3): 577 – 604.

[310] Li W, Xu J, Zheng M. Green governance: New perspective from open innovation [J]. Sustainability, 2018, 10 (11): 3845.

[311] Li W, Zheng M, Zhang Y, et al. Green governance structure, ownership characteristics, and corporate financing constraints [J]. Journal of Cleaner Production, 2020, 260: 121008.

[312] Li X, Li W, Xu J, et al. Retail investor activism and corporate environmental investments: Evidence from green attention [EB/OL]. International Journal of Emerging Markets, 2024.

[313] Lin J Y, Cai F, Li Z. Competition, policy burdens, and state-owned enterprise reform [J]. The American Economic Review, 1998, 88 (2): 422 – 427.

[314] Liu M Y, Luo X W, Lu W Z. Public perceptions of environmental, social, and governance (ESG) based on social media data: evidence from China [J]. Journal of Cleaner Production, 2023: 135840.

[315] Luong H, Moshirian F, Nguyen L, et al. How do foreign institutional investors enhance firm innovation [J]. Journal of Financial and Quantitative Analysis, 2017, 52 (4): 1449 – 1490.

[316] Luo X R, Wang D, Zhang J. Whose call to answer: institutional complexity and firms' CSR reporting [J]. Academy of Management Journal, 2017, 60 (1): 321 – 344.

[317] Lovelace J B, Bundy J, Hambrick D C, et al. The shackles of CEO celebrity: Sociocognitive and behavioral role constraints on "star" leaders [J]. Academy of Management Review, 2018, 43 (3): 419 – 444.

[318] Lu S, Cheng B. Does environmental regulation affect firms' ESG performance? Evidence from China [J]. Managerial and Decision Economics, 2022 (4): 1 – 6.

[319] Lungeanu R, Weber K. Social responsibility beyond the corporate: Executive mental accounting across sectoral and issue domains [J]. Organization Science, 2021, 32: 1473 – 1491.

[320] Luo X, Wang D, Zhang J. Whose call to answer: Institutional complexity and firms' CSR reporting [J]. Academy of Management Journal, 2017, 60 (1): 321 – 344.

[321] Lyon T P, Maxwell J W. Greenwash: Corporate environmental disclosure under threat of audit [J]. Journal of Economics & Management Strategy, 2011, 20 (1): 3 – 41.

[322] Lyu C, Wang K, Zhang F, et al. GDP management to meet or beat growth targets [J]. Journal of Accounting and Economics, 2018, 66 (1): 318 – 338.

[323] Ma L, Liang J. The effects of firm ownership and affiliation on government's target setting on energy conservation in China [J]. Journal of Cleaner Production, 2018, 199: 459 – 465.

[324] Malmendier U, Tate G. Superstar CEOs [J]. Quarterly Journal of Economics, 2009, 124 (4): 1593 – 1638.

[325] Malthus T. An essay on the principle of population [M]. London: Johnson, 1798.

[326] Marquis C, Qian C. Corporate social responsibility reporting in China:

Symbol or substance [J]. Organization Science, 2014, 25 (1): 127 – 148.

[327] Maritan C A. Capital investment as investing in organizational capabilities: An empirically grounded process model [J]. Academy of Management Journal, 2001, 44 (3): 513 – 531.

[328] Marquis C, Toffel M W, Zhou Y H. Scrutiny, norms, and selective disclosure: A global study of greenwashing [J]. Organization Science, 2016, 27 (2): 483 – 504.

[329] Marquis C, Zhang J, Zhou Y. Regulatory uncertainty and corporate responses to environmental protection in China [J]. California Management Review, 2011, 54 (1): 39 – 63.

[330] Maury B, Pajuste A. Multiple large shareholders and firm value [J]. Journal of Banking and Finance, 2005, 29 (7): 1813 – 1834.

[331] Meadows D H, Meadows D L, Randers J, et al. The limits to growth: A report for the club of Rome's project on the predicament of mankind [M]. New York: Universe Books, 1972.

[332] Michelon G, Pilonato S, Riccieri F. CSR reporting practices and the quality of disclosure: An empirical analysis [J]. Critical Perspectives on Accounting, 2015, 33: 59 – 78.

[333] Mill J S. Principles of political economy [M]. Longmans, London, 1848.

[334] Murray K B, Vogel C M. Using a hierarchy-of-effects approach to gauge the effectiveness of corporate social responsibility to generate goodwill toward the firm: Financial versus nonfinancial impacts [J]. Journal of Business Research, 1997, 38 (2): 141 – 159.

[335] Naffziger D W, Ahmed N U, Montagno R V. Perceptions of environmental consciousness in US small businesses: An empirical study [J]. SAM Ad-

vanced Management Journal, 2003, 68 (2): 23.

[336] Ng A C, Rezaee Z. Business sustainability performance and cost of equity capital [J]. Journal of Corporate Finance, 2015, 34: 128 – 149.

[337] Nie H, Jiang M, Wang X. The impact of political cycle: Evidence from coalmine accidents in China [J]. Journal of Comparative Economics, 2013, 41: 995 – 1011.

[338] Nofsinger J, Varma A. Socially responsible funds and market crises [J]. Journal of Banking and Finance, 2014, 48: 180 – 193.

[339] Nordhaus W. The political business cycle [J]. Review of Economic Studies, 1975, 42 (2): 169 – 190.

[340] Olsen M. The logic of collective action: Public goods and the theory of groups [M]. Harvard University Press, 1965.

[341] Padilha LGDO, Verschoore JRDS. Green governance: A proposal for Collective Governance constructs towards local sustainable development [J]. Ambiente & Sociedade, 2013, 16 (2): 153 – 174.

[342] Pan Y, Chen Q, Zhang P. Does policy uncertainty affect corporate environmental information disclosure: Evidence from China [J]. Sustainability Accounting, Management and Policy Journal, 2020, 11 (5): 903 – 931.

[343] Patten, D M. The accuracy of financial report projections of future environmental capital expenditures: A research note [J]. Accounting, Organizations and Society, 2005, 30 (5): 457 – 468.

[344] Pearce. Blueprint for a green economy [M]. London: Earthscan, 1989.

[345] Petelczyc J. The readiness for ESG among retail investors in central and eastern Europe. the example of Poland [J]. Global Business Review, 2022, 23 (6): 1299 – 1315.

[346] Pfeffer J A, Salancik G R. The external control of organizations: A resource

dependence perspective [M]. New York: Harper & Row, 1978.

[347] Piotroski J D, Wong T J, Zhang T. Political incentives to suppress negative information: Evidence from Chinese listed firms [J]. Journal of Accounting Research, 2015, 53 (2): 405 – 459.

[348] Polzin F, Egli F, Steffen B, et al. How do policies mobilize private finance for renewable energy? —A systematic review with an investor perspective [J]. Applied Energy, 2019, 236: 1249 – 1268.

[349] Porter M E, Kramer M R. Strategy and society: The link between competitive advantage and corporate social responsibility [J]. Harvard Business Review, 2007, 84 (12): 78 – 92.

[350] Porter M E, Van Der Linde C. Toward a new conception of the environment-competitiveness relationship [J]. Journal of Economic Perspectives, 1995, 9 (4): 97 – 118.

[351] Post C, Rrhman N, Rubow E. Green governance: Boards of directors' composition and environmental corporate social responsibility [J]. Business & Society, 2011, 50 (1): 189 – 223.

[352] Raimo N, Vitolla F, Marrone A, et al. The role of ownership structure in integrated reporting policies [J]. Business Strategy and the Environment, 2020, 29 (6): 2238 – 2250.

[353] Rhenman E. Foeretagsdemokrati och foeretags organization [M]. Thule, Stockholm, 1964.

[354] Ricardo D. On the principles of political economy and taxation [M]. London: John Murray, 1817.

[355] Rindova V P, Pollock T G, Hayward M L A. Celebrity firms: The social construction of market popularity [J]. Academy of Management Review, 2006, 31 (1): 50 – 71.

[356] Rodrigue M, Magnan G M, Charles H C. Is environmental governance substantive or symbolic? An empirical investigation [J]. Journal of Business Ethics, 2013, 114: 107 - 129.

[357] Rogoff K, Sibert A. Elections and macroeconomic policy cycles [J]. Review of Economic Studies, 1988, 55 (1): 1 - 16.

[358] Russo M V, Fouts P. A. A resource-based perspective on corporate environmental performance and profitability [J]. Academy of Management Journal, 1997, 40 (3): 534 - 559.

[359] Salvatore E D F, Scandurra G, Thomas A. How stakeholders affect the pursuit of the environmental, social, and governance. Evidence from innovative small and medium enterprises [J]. Corporate social Responsibility & Environmental Management, 2021, 28 (5): 1528 - 1539.

[360] Sam A G, Zhang X. Value relevance of the new environmental enforcement regime in China [J]. Journal of Corporate Finance, 2020, 62: 101573.

[361] Sauerwald S, Lin Z, Peng M W. Board social capital and excess CEO returns [J]. Strategic Management Journal, 2016, 37 (3): 498 - 520.

[362] Schreifels J J, Fu Y, Wilson E J. Sulfur dioxide control in China: Policy evolution during the 10th and 11th five-year plans and lessons for the future [J]. Energy Policy, 2012, 48 (3): 779 - 789.

[363] Schuler D A, Shi W, Hoskisson R E, et al. Windfalls of emperors' sojourns: stock market reactions to Chinese firms hosting high-ranking government officials [J]. Strategic Management Journal, 2017, 38 (8): 1668 - 1687.

[364] Shafer M, Szado E. Environmental, social, and governance practices and perceived tail risk [J]. Accounting and Finance, 2019, 60 (4): 4195 - 4224.

[365] Shira C, Igor K, Gaizka O. Institutional investors, climate disclosure, and carbon emissions [J]. Journal of Accounting and Economics, 2023: 101640.

[366] Shiu A, Lam P L. Electricity consumption and economic growth in China [J]. Energy Policy, 2004, 32 (1): 47 – 54.

[367] Shive S A, Forster M M. Corporate governance and pollution externalities of public and private firms [J]. Review of Financial Studies, 2020, 33 (3): 1296 – 1330.

[368] Shleifer A, Vishny R W. Politicians and firms [J]. The Quarterly Journal of Economics, 1994, 109 (4): 995 – 1025.

[369] Shleifer A, Vishny R W. A survey of corporate governance [J]. The Journal of Finance, 1997, 52 (2): 737 – 783.

[370] Shleifer A, Vishny R W. The grabbing hand: Government pathologies and their curves [M]. Cambridge, MA: Harvard University Press, 1998.

[371] Taklo S K, Tooranloo H S, Parizi Z S. Green innovation: A systematic literature review [J]. Journal of Cleaner Production, 2020, 729: 122474.

[372] Tamimi N, Sebastianelli R. Transparency among S&P 500 companies: An analysis of ESG disclosure scores [J]. Management Decision, 2017, 55: 1660 – 1680.

[373] Tang D Y, Zhang Y. Do shareholders benefit from green bonds? [J]. Journal of Corporate Finance, 2020, 61: 101427.

[374] Tang M, Walsh G, Lerner D, et al. Green innovation, managerial concern and firm performance: An empirical study [J]. Business Strategy and the Environment, 2018, 27 (1): 39 – 51.

[375] Tang Y, Qian C, Chen G, et al. How CEO hubris affects corporate social (ir) responsibility [J]. Strategic Management Journal, 2015, 36 (9):

1338 – 1357.

[376] Takalo T, Tanayama T. Adverse selection and financing of innovation: Is there a need for R&D subsidies [J]. Journal of Technology Transfer, 2010, 35 (1): 16 – 41.

[377] Testa F, Boiral O, Iraldo F. Internalization of environmental practices and institutional complexity: Can stakeholders pressures encourage greenwashing? [J]. Journal of Business Ethics, 2018, 147 (2): 287 – 307.

[378] Theyel, G. Management practices for environmental innovation and performance [J]. International Journal of Operations & Production Management, 2010, 20 (2): 249 – 266.

[379] Torugsa N, O'Donohue W, Hecker R. Proactive corporate social responsibility: Understanding the role of its economic, social and environmental dimensions on the association between capabilities and performance [J]. Journal of Business Ethics, 2013, 115 (2): 383 – 402.

[380] Ullmann A. Data in search of a theory: A critical examination of relationships among social performance, social responsibility, and economic performance of U. S. firms [J]. Academy of Management Review, 1985, 10 (3): 540 – 557.

[381] Villiers C, Staden C V. Can less environmental disclosure have a legitimising effect? Evidence from Africa [J]. Accounting, Organizations and Society, 2006, 31 (8): 763 – 781.

[382] Vogt W. Road to survival [M]. William Sloane, 1948.

[383] Waddock S, Graves S. The corporate social performance-financial performance link [J]. Strategic Management Journal, 1997, 18 (4): 303 – 319.

[384] Wade J B, Porac J F, Pollock T G, et al. The burden of celebrity: The

impact of CEO certification contests on CEO pay and performance [J].
Academy of Management Journal, 2006, 49 (4): 643 –660.

[385] Wade J B, Porac J F, Pollock T G, et al. Star CEOs: Benefit or burden?
[J]. Organizational Dynamics, 2008, 37 (2): 203 –210.

[386] Walls J, Pascual B, Phillip H P. Corporate governance and environmental
performance: Is there really a link [J]. Strategic Management Journal,
2013, 33 (8): 885 –913.

[387] Walls J L, Hoffman A. J. Exceptional boards: Environmental experience
and positive deviance from institutional norms [J]. Journal of Organizational
Behavior, 2013, 34 (2): 253 –271.

[388] Wang L, Fan X C, Zhuang H Y. ESG disclosure facilitator: How do the
multiple large shareholders affect firms' ESG disclosure? evidence from China [J]. Frontiers in Environmental Science, 2023, 11: 1063501.

[389] Wang L, Li Y, Lu S. The impact of the CEO's green ecological experience
on corporate green innovation: The moderating effect of corporate tax credit
rating and tax burden [J]. Frontiers in Environmental Science, 2023, 11:
1126692.

[390] Wang R, Wijen F, Heugens P. Government's green grip: Multifaceted
state influence on corporate environmental actions in China [J]. Strategic
Management Journal, 2018, 39 (2): 403 –428.

[391] Wang W, Yu Y, Li X. ESG performance, auditing quality, and invest-
ment efficiency: Empirical evidence from China [J]. Frontiers in Psychol-
ogy, 2022, 13: 948674.

[392] Wang X. The national ecological accounting and auditing scheme as an in-
strument of institutional reform in China: A discourse analysis [J]. Journal
of Business Ethics, 2019, 154 (3): 587 –603.

[393] Wang Y, Zhang Y. Do state subsidies increase corporate environmental spending? [J]. International Review of Financial Analysis, 2020, 72: 101592.

[394] Wang Z, Liao K, Zhang Y. Does ESG screening enhance or destroy stock portfolio value? Evidence from China [J]. Emerging Markets Finance and Trade, 2022, 58 (10): 2927 - 2941.

[395] Wasiuzzaman S, Wan Mohammad W M. Board gender diversity and transparency of environmental, social and governance disclosure: Evidence from malaysia [J]. Management and Decision Economics, 2020, 41: 145 - 156.

[396] Wei Z, Shen H, Zhou K Z, et al. How does environmental corporate social responsibility matter in a dysfunctional institutional environment? Evidence from China [J]. Journal of Business Ethics, 2017, 140 (2): 209 - 223.

[397] Wheeler D, Maria S. Including the stakeholders: The business cade [J]. Long Range Planning, 1998, 31 (2): 201 - 210.

[398] Wickert C, Scherer A G, Spence L J. Walking and talking corporate social responsibility: Implications of firm size and organizational cost [J]. Journal of Management Studies, 2016, 53 (7): 1169 - 1196.

[399] Widyawati L. A systematic literature review of socially responsible investment and environmental social governance metrics [J]. Business Strategy and the Environment, 2020, 29 (2): 619 - 637.

[400] Wong W C, Batten J A, Ahmad A H, et al. Does ESG certification add firm value? [J]. Finance Research Letters, 2021, 39: 101593.

[401] Wu B, Jin C F, Monfort A, et al. Generous charity to preserve green image? Exploring linkage between strategic donations and environmental mis-

conduct [J]. Journal of Business Research, 2021, 131: 839-850.

[402] Xie J, Nozawa W, Yagi M, et al. Do environmental, social, and governance activities improve corporate financial performance? [J]. Business Strategy and the Environment, 2019, 28 (2): 286-300.

[403] Xin Q, Bao A, Hu F. West meets East: Understanding managerial incentives in Chinese SOEs [J]. China Journal of Accounting Research, 2019, 12 (2): 177-189.

[404] Xu J, Jia Z, Liu B. Can independent directors' green experience curb corporate environmental violations: Evidence from Chinese heavily polluting listed companies [J]. Finance Research Letters, 2024, 67: 105836.

[405] Xu E, Zhang H. The impact of state shares on corporate innovation strategy and performance in China [J]. Asia Pacific Journal of Management, 2008, 25 (3): 473-487.

[406] Yan S, Almandoz J, Ferraro F. The impact of logic (in) compatibility: Green investing, state policy, and corporate environmental performance [J]. Administrative Science Quarterly, 2021, 66 (4): 903-944.

[407] Yan S, Ferraro F, Almandoz J. The rise of socially responsible investment funds: The paradoxical role of the financial logic [J]. Administrative Science Quarterly, 2019, 64: 466-501.

[408] Ye Q, Ma L, Zhang H, et al. Translating a global issue into local priority China's local government response to climate change [J]. The Journal of Environment & Development, 2008, 17 (4): 379-400.

[409] Yin J, Li J, Ma J. The effects of CEO awards on corporate social responsibility focus [EB/OL]. Journal of Business Ethics, 2023.

[410] Yu E P, Guo C Q, Luu B V. Environmental, social and governance transparency and firm value [J]. Business Strategy and the Environment, 2018,

27: 987 - 1004.

[411] Zeger S L, Liang K Y. Longitudinal data analysis for discrete and continuous outcomes [J]. Biometrics, 1986, 42 (1): 121 - 130.

[412] Zeng H, Li X, He Y, et al. Balancing acts: The relationship between corporate environmental irresponsibility, charitable donations, and financial performance [EB/OL]. Managerial and Decision Economics, 2023.

[413] Zeng H, Li X, Zhou Q, et al. Local government environmental regulatory pressures and corporate environmental strategies: Evidence from natural resource accountability audits in China [J]. Business Strategy and the Environment, 2022, 31 (7): 3060 - 3082.

[414] Zhang B, Chen X, Guo H. Does central supervision enhance local environmental enforcement? quasi-experimental evidence from China [J]. The Journal of Public Economics, 2018, 164 (C): 70 - 89.

[415] Zhang L, Cai W. Star CEOs and investment efficiency: Evidence from China [J]. Pacific-Basin Finance Journal, 2023, 82: 102145.

[416] Zhang X, Zhao X, Qu L. Do green policies catalyze green investment? Evidence from ESG investing developments in China [J]. Economics Letters, 2021, 207 (10): 110028. 1 - 110028. 3.

[417] Zhong M, Zhao W, Shahab Y. The philanthropic response of substantive and symbolic corporate social responsibility strategies to COVID - 19 crisis: Evidence from China [J]. Corporate Social Responsibility and Environmental Management, 2022, 29 (2): 339 - 355.

[418] Zhou L, Long W, Qu X, et al. Celebrity CEOs and corporate investment: A psychological contract perspective [J]. International Review of Financial Analysis, 2023, 87: 102636.